U0052031

家家酒 \開店指南/

不織布の幸福料理日誌

初次製作也ok！詳細步驟解說STEP BY STEP！

家家酒開店指南
不織布の**幸福料理日誌**
CONTENTS

壽司屋 ⓲

燒肉店 ㉒

拉麵店 ㉔

小吃攤 ㉖

可麗餅專賣店 ㉘

便當店 ㉚

Patisserie

可愛蛋糕大集合！
蛋糕店

心形蛋糕＆蛋糕捲，
就算是基本款造型也足夠可愛。
鮮奶油加水果、迷你玫瑰配愛心，
自由地添上各種裝飾吧！

只要一個步驟放上裝飾便完成，思考配色也很有趣呢！

作法
P.33-38

蛋糕大集合

蛋糕捲

心形蛋糕

方形蛋糕

材料區

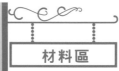

製作的道具越多，
家家酒就更有趣唷！

Tart

有趣又簡單的裝飾遊戲！

塔類點心專賣店

把高人氣的櫻桃放在鮮奶油上，perfect！

只需在塔皮上添加裝飾即可完成，
小小孩也能開心地製作。
完成後還可以正式擺盤，扮演咖啡屋的開店遊戲呢！

作法
P.36-40

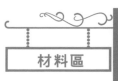

材料區

擺上材料輕鬆完成！
真想製作更多的素材啊！

玫瑰塔、櫻桃塔、愛心塔，
製作前先決定主題吧！

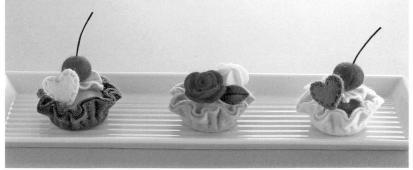

放入小盤子內裝飾
也不錯哩！

來作自己喜歡的三明治吧！

三明治專賣店

打開麵包夾入食材，
配料結束再蓋上麵包就完成了！
快來製作各種食材，開一間自己的三明治專賣店吧！

作法
P.41-51

形狀分明的麵包還是重點喔！內裡塞有厚紙板。

番茄　　　起司片　　　　　　　生菜

青椒

洋蔥　　　火腿　　　培根　　　香腸

將材料排列在盤子上，
氣氛就熱烈了起來。
令人自然融入三明治專賣店
老闆的心情。

完成！

打開麵包……

放上生菜……

放上兩片番茄……

放上洋蔥……

放上青椒……

放上兩片培根……

以各種配料挑戰獨創性！
鬆餅屋

最受歡迎的鬆餅屋家家酒。
快來製作各種冰淇淋、鮮奶油、水果，
準備開店囉！

烤得澎澎的鬆餅！就從平底鍋起鍋的鬆餅開始製作吧！

作法
P.46-51

將鬆餅放在盤子上……

放上冰淇淋……

放上鮮奶油……

烤更多鬆餅！
作更多配料吧！

放上櫻桃……

在盤子上擠鮮奶油……

再擺上好多的水果……

完成！

Cookie

構思送禮時的包裝也十分有趣！
餅乾小舖

餅乾是最受歡迎的禮物！
放入籃子或裝箱都OK，
不拿來玩時也可以作為裝飾喔！

搭配上餐巾或小籃子，玩法將更多彩多姿。

作法
P.53-55

首選咖啡餅乾色系，
但以自己喜歡的顏色
來創作也OK！

格子餅乾

螺旋餅乾

小熊餅乾

巧克力豆
餅乾

心形餅乾

原味餅乾

果醬餅乾

方形餅乾

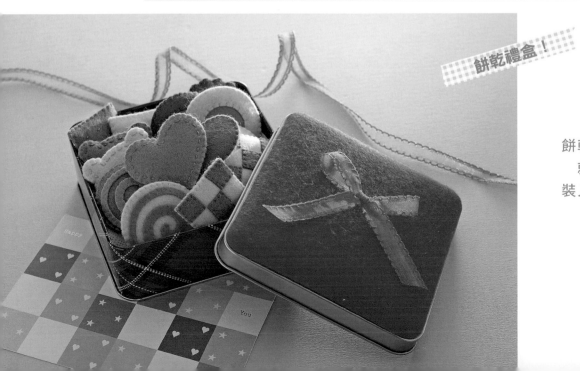

餅乾禮盒！

餅乾盒上貼不織布，
就成了禮物盒！
裝入滿滿的餅乾……

品嘗日本傳統風味吧！
和菓子專賣店

好可愛的和菓子啊，
看起來就像真的一樣！
除了可以模擬和菓子店，
還能辦一場快樂的下午茶喔！

重點在於確實地將內部塞滿棉花，接著劑也要充分塗到每個角落喔！

作法
P.56-60

和菓子

小菊

雪兔

野花

月之華

秋色花

桔梗

紅葉

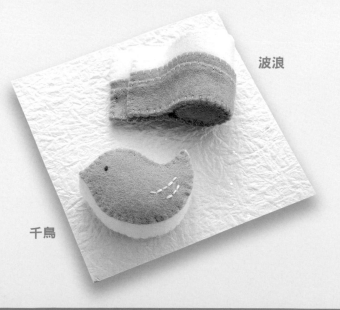

波浪

千鳥

和菓子最重視
配色的樂趣了，
也請嘗試使用自己喜愛的
顏色吧！

13

令人食指大動！
飲茶餐廳

成品只比真品略小，是非常可愛的點心。
放在蒸籠裡或盤子上，
使用筷子來玩耍吧！

作法也很擬真喔！

作法
P.61-64

燒賣

壽桃包

每種各作三個，
玩起來更逼真！

小籠包

珍珠丸子

煎餃
將餃子底部上色，
就變成煎餃了！

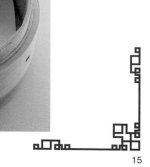

鮮蝦燒賣

15

天婦羅

沾麵衣、夾起鍋，真好玩！
天婦羅專賣店

麵衣可以作成管狀或袋狀。
將色彩繽紛的蔬菜或魚蝦
穿上一層金黃色麵衣開始油炸吧！

精心擺放在竹籃＆盤子裡，準備上菜囉！

作法　P.65-70

16

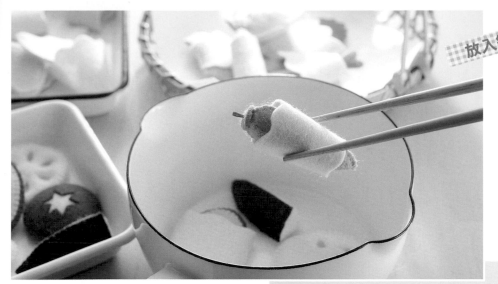

搭配鍋子，玩法更多樣。
準備入鍋油炸囉！

天婦羅大集合

放入袋狀麵衣中……

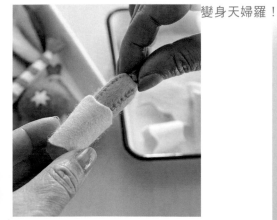

放入管狀麵衣中……

將食材放入
袋狀或管狀麵衣中，
變身天婦羅！

南瓜

秋葵

地瓜

蝦子

蓮藕

沙鮻魚

茄子

香菇

紫蘇葉

17

從喜歡的食材開始捏！

壽司屋

一個一個捏好排排站。
完成一人份後，便可以請客人開動囉！
輪流扮演壽司師傅＆客人吧！

以雙面膠貼合壽司食材＆米飯也OK！

作法　P.70-75

看著排列整齊的食材，
讓人好想製作握壽司喔！

甜薑片

蝦壽司

鮪魚壽司

竹筴魚壽司

章魚壽司

玉子燒壽司

海膽壽司

花枝壽司

鮭魚卵壽司

星鰻壽司

19

製作壽司捲&豆皮壽司！

壽司屋

壽｜司

製作粗卷&細卷，
無論是放入漆盤或方形便當盒內，
都十分擬真有趣。

以喜歡的顏色製作粗捲&細捲的內部食材，發揮創意也很棒喔！

作法　P.76-77

壽司大集合

在便當盒內放入天婦羅（P.16）的物件作為搭配的滷菜……

粗捲

醬菜卷

鐵火卷

河童卷

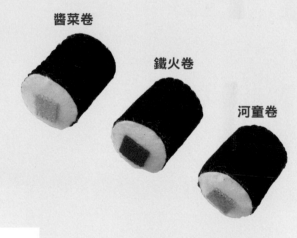

豆皮壽司

也以用來練習
使用筷子。

將炭火燒紅，來吃燒肉吧！
燒肉店

炭火燒紅後，就可以開始烤肉啦！
看，紅色的肉片變成咖啡色了，
快來烤各式各樣的食材吧！

只需劃開箱子，烤肉爐就完成了！貼上黑色色紙後，還真像實物呢……

作法 P.78-83

在爐火內放入木炭……

開始烤囉！

炭火燒紅了……

放上網子……

正面＆反面……
以鐵夾來翻面。

燒肉食材區

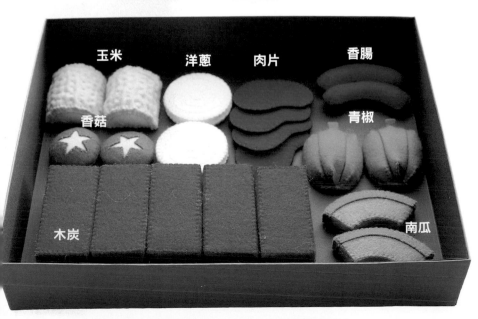

玉米　　洋蔥　　肉片　　香腸

香菇　　　　　　　　青椒

木炭　　　　　　　　南瓜

架上網子，
收納完成！

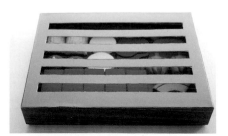

23

放上蛋或叉燒……各種配料組合真有趣！

拉麵店

放上不織布切細的麵條&
最喜歡的配料，
獨創拉麵完成了！
也可以製作各種喜歡的食材放上去喔！

以泡麵碗盛裝拉麵也OK！準備各種不同的麵碗會更有趣唷！

作法
P.84-86

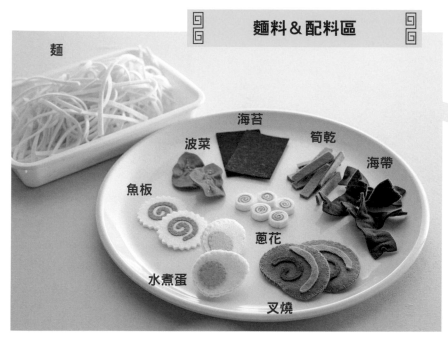

麵料&配料區

麵

海苔

波菜

筍乾

海帶

魚板

蔥花

水煮蛋

叉燒

將麵條放入容器內……

擺放的順序
很重要喔！

放上筍乾&海帶……

放上海苔&波菜……

再放上蛋、叉燒
及魚板……

最後放入蔥花……

大功告成！

把拉麵換成蕎麥麵……

改變麵條的顏色，搖身一變成為蕎麥麵！
配料可以搭配天婦羅（P.16）。

讓人雀躍的美食！
小吃攤

不論是章魚燒或炒麵的容器，
都是不織布作的喔！
動手製作香蕉巧克力，舉辦一場夏日慶典吧！

作法
P.87
-89

不管是炒麵或章魚燒，製作過程就可以玩開店遊戲了！

炒麵

混合麵與配料，
豪爽地來盤炒麵吧！

章魚燒

滾著滾著再翻面，
裝入章魚燒的容器中
就完成囉！

船形盤！
只要有這個，
小吃攤氛圍立即UP！

香蕉巧克力

還有粉紅巧克力口味喔！

包裝超Q＆裝飾好有趣！

可麗餅專賣店

以棉花代表奶油，
挑選水果配料放入餅皮裡。
快來製作各種口味的可麗餅吧！

色彩繽紛美麗的水果，超人氣的可麗餅專賣店。

作法
P.90-92

※奇異果＆鳳梨的作法參見P.48、P.50。

準備與餅皮
數量相應的
餅皮套&搭配食材。

打開可麗餅皮，開始製作！

在可麗餅皮上放棉花……

放上水果……

以餅皮包捲。

裝入餅皮套中……

完成！

放上櫻桃……

排列便當菜色樂無窮！
便當店

從飯糰到海苔壽司卷，
決定主食後，開始搭配配菜吧！
也要多多攝取青菜喔！

使用日常使用的便當盒……擺放在餐盤上也可以開餐廳囉！

作法
P.93-95

各製作
2個！

參見壽司屋（P.20）製作海苔壽司卷。
參見飲茶餐廳（P.14）製作燒賣。
參見可麗餅專賣店（P.28）製作水果。

放入飯糰……

放入小香腸……

鋪上生菜……

放上花椰菜……

最後加上水煮蛋……

完成！

放入番茄……

放入2個漢堡排……

蛋糕店

三明治專賣店

開始動手作吧！

挑選自己喜歡的主題開始製作！

塔類點心專賣店

搭配用食材可自由運用於
各種主題。

餅乾小舖

鬆餅屋

可麗餅專賣店

和菓子專賣店

便當店

壽司屋

飲茶餐廳

便當的配料
也非常多樣化。

燒肉店

天婦羅專賣店

拉麵店

壽司屋

搭配蕎麥麵也OK。

小吃攤

蛋糕店
蛋糕卷
P.2

材 料 （1個）

不織布：<A>粉紅色（123）20cm×15cm、白色（703）15cm×10cm、
<B>奶油色（304）20cm×15cm、白色（703）15cm×10cm
25號繡線：<A>粉紅色・白色<B>奶油色・白色 各適量
透明線：各適量　手工藝用棉花：各適量

作法 ※AB共通。

❶ 在切面（正面）加上鮮奶油層。

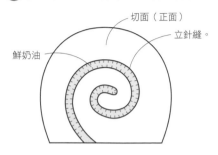

切面（正面）
立針縫。
鮮奶油

❷ 縫合側面＆底部。

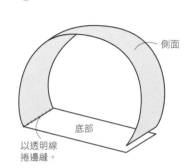

側面
底部
以透明線
捲邊縫。

❸ 縫合切面（正面）、側面、底部。

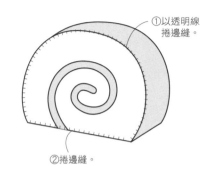

①以透明線
捲邊縫。
②捲邊縫。

❹ 縫上切面（背面），完成！

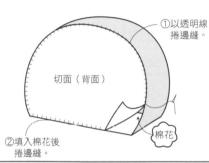

①以透明線
捲邊縫。
切面（背面）
②填入棉花後
捲邊縫。
棉花

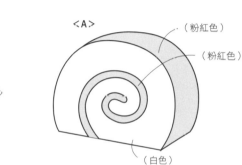

<A>
（粉紅色）
（粉紅色）
（白色）

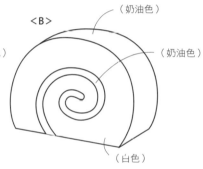

<B>
（奶油色）
（奶油色）
（白色）

原寸紙型

※立針縫、捲邊縫皆以與不織布相同顏色的25號繡線（1股）進行。

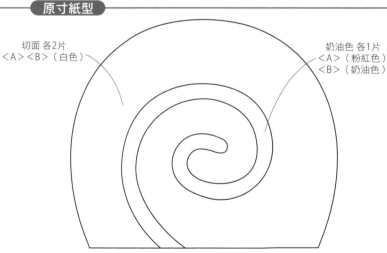

切面 各2片
<A><B>（白色）

奶油色 各1片
<A>（粉紅色）
<B>（奶油色）

底部 各1片
<A><B>（白色）

側面 各1片
<A>（粉紅色）
<B>（奶油色）

蛋糕店
圓形蛋糕
P.2

材 料（1個）

不織布：<A>黃色（313）・白色（703）各20cm×10cm
<B>粉紅色（123）・淺粉紅色（110）各20cm×10cm
25號繡線：<A>黃色・白色 <B>粉紅色・淺粉紅色 各適量
手工藝用棉花：各適量　透明線：各適量

作 法

❶ 在側面加上
鮮奶油層。

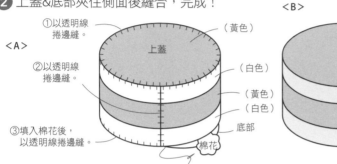

立針縫。

側面

鮮奶油

❷ 上蓋&底部夾住側面後縫合，完成！

<A>

①以透明線
捲邊縫。

②以透明線
捲邊縫。

③填入棉花後，
以透明線捲邊縫。

上蓋

（黃色）

（白色）

（黃色）

（白色）

底部

棉花

<B>

（粉紅色）

（淺粉紅色）

（粉紅色）

（淺粉紅色）

上蓋 各1片
<A>（黃色）
<B>（粉紅色）

底部 各1片
<A>（白色）
<B>（淺粉紅色）

原寸紙型

※立針縫、捲邊縫皆以與不織布相同顏色的25號繡線（1股）進行。

側面 各1片 <A>（白色） <B>（淺粉紅色）
奶油色 各1片 <A>（黃色） <B>（粉紅色）

蛋糕店
方形蛋糕
P.2

材 料（1個）

不織布：<A>淺粉紅色（110）15cm×10cm、茶色（219）10cm×10cm
<B>奶油色（304）15cm×10cm、深茶色（227）10cm×10cm
25號繡線：<A>淺粉紅色・茶色 <B>奶油色・深茶色 各適量
手工藝用棉花：各適量　透明線：各適量

作 法

❶ 在側面加上鮮奶油。

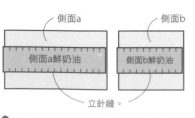

側面a

側面b

側面a鮮奶油

側面b鮮奶油

立針縫。

❷ 縫合側面。

捲針縫。

❸ 縫合上蓋。

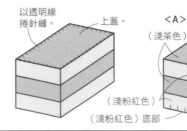

以透明線
捲針縫。

上蓋。

❹ 縫合底部，完成！

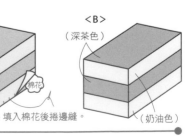

<A>

（淺茶色）

（淺粉紅色）

（淺粉紅色）底部

棉花

填入棉花後捲邊縫。

<B>

（深茶色）

（奶油色）

蛋糕店
心形蛋糕
P.2

材 料（1個）

不織布：＜A＞粉紅色（123）15cm×10cm、淺粉紅色（110）
20cm×10cm＜B＞翡翠綠（405）15cm×10cm、白色（703）
20cm×10cm
25號繡線：＜A＞粉紅色・淺粉紅色＜B＞翡翠綠・白色 各適量
手工藝用棉花：各適量　透明線：各適量

作　法

① 在側面加上鮮奶油。

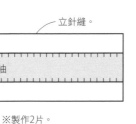

立針縫。

側面

鮮奶油

※製作2片。

② 縫合側面。

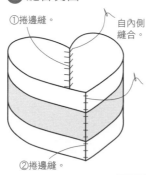

①捲邊縫。

自內側縫合。

②捲邊縫。

③ 縫合上蓋、側面、底部，完成！

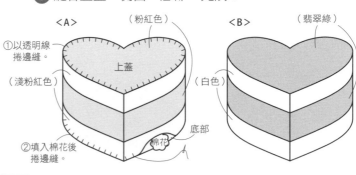

＜A＞　（粉紅色）

①以透明線捲邊縫。

（淺粉紅色）

上蓋

②填入棉花後捲邊縫。

底部

棉花

＜B＞　（翡翠綠）

（白色）

原寸紙型

※立針縫、捲邊縫皆以與不織布相同顏色的25號繡線（1股）進行。

側面 各2片
＜A＞（淺粉紅色）
＜B＞（白色）

鮮奶油 各2片
＜A＞（粉紅色）
＜B＞（翡翠綠）

上蓋 各1片
＜A＞（粉紅色）
＜B＞（翡翠綠）

底部 各1片
＜A＞（淺粉紅色）
＜B＞（白色）

P.2　蛋糕店・方形蛋糕　原寸紙型

※立針縫、捲邊縫皆以與不織布相同顏色的25號繡線（1股）進行。

側面a 各2片
＜A＞（淺粉紅色）
＜B＞（奶油色）

側面a鮮奶油 各2片
＜A＞（茶色）
＜B＞（深茶色）

側面b 各2片
＜A＞（淺粉紅色）
＜B＞（奶油色）

側面b鮮奶油 各2片
＜A＞（茶色）
＜B＞（深茶色）

上蓋 各1片
＜A＞（茶色）
＜B＞（深茶色）

底部 各1片
＜A＞（淺粉紅色）
＜B＞（奶油色）

蛋糕店&塔類點心專賣店
心形餅乾

P.2　P.4

材　料　（1個）

不織布：<A>奶油色（304）<B>粉紅色（110）
　　　　<C>茶色（219）各5cm×5cm
25號繡線：<A>奶油色・黃色<B>粉紅色・深粉紅色
　　　　　<C>茶色・深茶色 各適量
手工藝用棉花：各適量

作　法

① 縫繡心形。　② 縫合後即完成！

心形餅乾（正面）

刺繡。

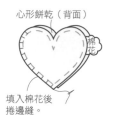

心形餅乾（背面）

填入棉花後
捲邊縫。

棉花

<A>
（奶油色）

（黃色）

<B>
（粉紅色）

<C>
（茶色）

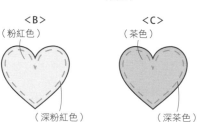

（深粉紅色）　（深茶色）

原寸紙型

※捲邊縫以與不織布相同顏色的25號繡線（1股）進行。
※刺繡時使用25號繡線。

心形餅乾 各2片
<A>（奶油色）
<B>（粉紅色）
<C>（茶色）

平針繡 2股
<A>（黃色）
<B>（深粉紅色）
<C>（深茶色）

蛋糕店&塔類點心專賣店
櫻桃

P.2　P.4

材　料　（1個）

不織布：深粉紅色（116）5cm×5cm
25號繡線：深粉紅色・深茶色 各適量
手工藝用棉花：適量
接著劑

作　法

① 沿著邊緣縫一圈。　② 填入棉花後，收緊束口。

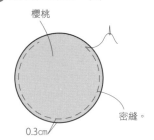

櫻桃

密縫。

0.3cm

填入棉花後，收緊束口。

棉花

③ 加上果梗，完成！

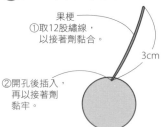

果梗
①取12股繡線，
以接著劑黏合。

3cm

②開孔後插入，
再以接著劑
黏牢。

原寸紙型

※刺繡時以與不織布相同顏色的25號繡線（1股）進行。

櫻桃 1片
（深粉紅色）

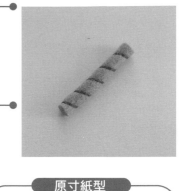

蛋糕店＆塔類點心專賣店
巧克力捲心酥

P.2　P.4

材料（1支）

不織布：茶色（219）5cm×5cm
25號繡線：深茶色 適量
接著劑

作法

① 製作捲心酥。

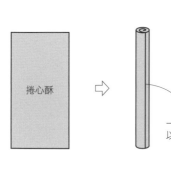

捲心酥

一邊捲一邊
以接著劑黏貼。

② 縫製圖案，完成！

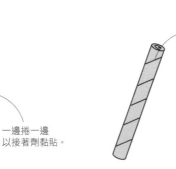

以3股繡線（深茶色）纏繞。
※起頭＆結尾皆手縫固定。

原寸紙型

捲心酥 1片
（深茶色）

蛋糕店＆塔類點心專賣店
巧克力玫瑰花

P.2　P.4

材料（1個）

不織布：<A>深粉紅色（116）<B>茶色（219）各15cm×5cm
25號繡線：<A>深粉紅色 <B>茶色 各適量

作法

① 下緣平針縫。

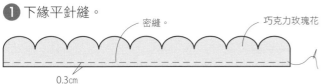

密縫。
巧克力玫瑰花
0.3cm

② 縮縫抽褶後捲起。

拉緊縮縫。

一邊捲一邊手縫固定。

③ 整理形狀，完成！

<A>　　　<B>
（深粉紅色）　（茶色）

原寸紙型

※刺繡時以與不織布相同顏色的25號繡線（1股）進行。

巧克力玫瑰花 各1片
<A>（深粉紅色）<B>（茶色）

蛋糕店&塔類點心專賣店
鮮奶油

P.2　P.4

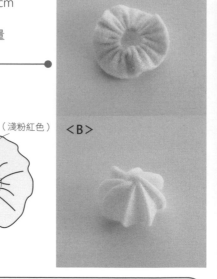
<A>

<B>

材料（1個）

不織布：<A>白色（703）・淺粉紅色（110）各15cm×5cm
　　　　<B>白色（703）・奶油色（304）各5cm×5cm
25號繡線：<A>白色・淺粉紅色 <B>白色・奶油色 各適量

作法

❶ 縮縫&作成環狀，完成！

<A>

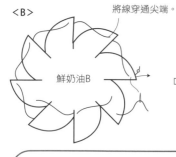

0.3cm

鮮奶油A

密縫。

①縮縫。　（白色）　　（淺粉紅色）

②作成環狀後
　縫合固定。

❶ 串連&縫合尖端，完成！

<B>

將線穿通尖端。

鮮奶油B

縮縫。

（白色）　　　（奶油色）

原寸紙型

<B>

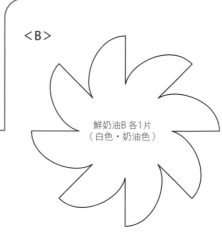

鮮奶油B 各1片
（白色・奶油色）

<A>

鮮奶油A 各1片
（白色・淺粉紅色）

蛋糕店&塔類點心專賣店
薄荷葉

P.2　P.4

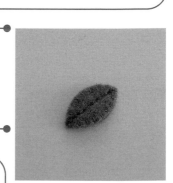

材料（1片）

不織布：綠色（440）5cm×5cm
25號繡線：綠色・深綠色 各適量

作法

❶ 縫合。　　❷ 捲邊縫。

原寸紙型

※捲邊縫以與不織布相同顏色的25號
　繡線（1股）進行。
※刺繡時使用25號繡線。

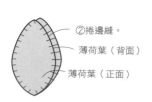

②捲邊縫。
薄荷葉（背面）
薄荷葉（正面）

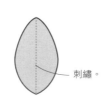

刺繡。

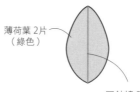

薄荷葉 2片
（綠色）

回針繡 3股
（深綠色）

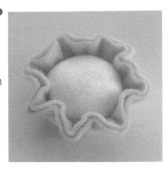

塔類點心專賣店
塔

P.4

材　料　（1個）

不織布：<A>茶色（219）15cm×10cm、淺粉紅色（110）10cm×10cm
　　　　<B>茶色（219）15cm×10cm、奶油色（304）10cm×10cm
　　　　<C>深茶色（227）15cm×10cm、淺粉紅色（110）10cm×10cm
　　　　<D>奶油色（304）15cm×10cm、茶色（219）10cm×10cm
　　　　<E>奶油色（304）15cm×10cm、白色（703）10cm×10cm
　　　　<F>粉紅色（103）15cm×10cm、白色（703）10cm×10cm

25號繡線：<A>茶色・淺粉紅色 <B>茶色・奶油色 <C>深茶色・淺粉紅色
　　　　　<D>奶油色・茶色 <E>奶油色・白色 <F>粉紅色・白色 各適量

手工藝用棉花：各適量　厚紙：各適量　接著劑

作　法

① 製作奶油餡。

奶油餡

密縫。

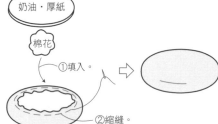

奶油・厚紙

棉花

①填入。

②縮縫。

② 貼合兩片塔皮（內＆外）。

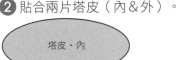

塔皮・內

塔皮・厚紙

夾入。

塔皮・外

以接著劑黏貼。

③ 放上奶油餡。

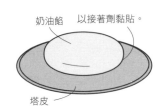

奶油餡

以接著劑黏貼。

塔皮

④ 將塔周圍縮縫一圈，完成！

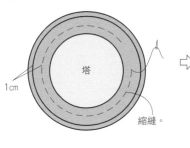

塔

1cm

縮縫。

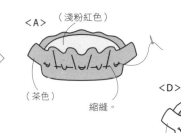

<A>　（淺粉紅色）

（茶色）

縮縫。

<B>　（奶油色）

（茶色）

<C>　（淺粉紅色）

（深茶色）

<D>　（茶色）

（奶油色）

<E>　（白色）

（奶油色）

<F>　（白色）

（粉紅色）

原寸紙型

※刺繡時以與不織布相同顏色的25號繡線（1股）進行。

奶油基底 厚紙 各1片
<A>（淺粉紅色）
<B>（奶油色）
<C>（淺粉紅色）
<D>（茶色）
<E>（白色）
<F>（白色）

塔皮・外 各1片
<A>（茶色）
<B>（茶色）
<C>（深茶色）
<D>（奶油色）
<E>（奶油色）
<F>（粉紅色）

奶油餡 各1片
<A>（淺粉紅色）
<B>（奶油色）
<C>（淺粉紅色）
<D>（茶色）
<E>（白色）
<F>（白色）

塔皮・內 各1片
<A>（茶色）
<B>（茶色）
<C>（深茶色）
<D>（奶油色）
<E>（奶油色）
<F>（粉紅色）

塔皮基底
厚紙
各1片

✽蛋糕組合圖✽

✽塔點組合圖✽

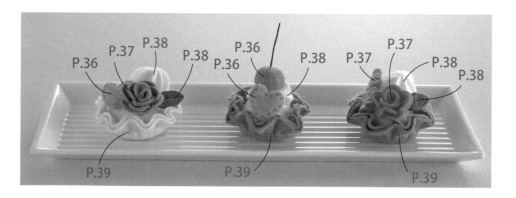

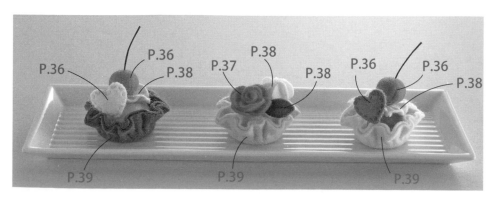

三明治專賣店
麵包

P.6

材料 （1個）

不織布：茶色（219） 20cm×20cm、奶油色（331） 15cm×10cm
25號繡線：茶色 適量
手工藝用棉花：適量
厚紙：15cm×15cm

作法 ※原寸紙型參見P.42。

① 進行刺繡。

密縫後抽褶。

麵包（上片）

刺繡（2股）。

② 縫合邊端。

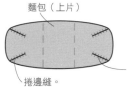

麵包（上片）

捲邊縫。

刺繡（2股）。

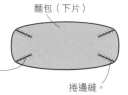

麵包（下片）

捲邊縫。

③ 放入厚紙＆棉花，縫合上片＆切面。

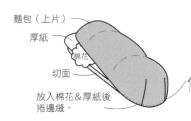

麵包（上片）
厚紙
棉花
切面
放入棉花＆厚紙後捲邊縫。

麵包（下片）
厚紙
棉花
切面
放入棉花＆厚紙後捲邊縫。

④ 重疊麵包上下片，將兩個合印記號之間縫合，完成！

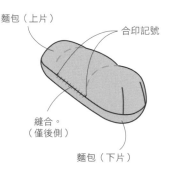

麵包（上片）
合印記號
縫合。
（僅後側）
麵包（下片）

三明治專賣店
香腸

P.6

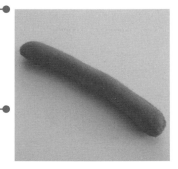

材料 （1個）

不織布：紅色（113） 15cm×10cm
25號繡線：紅色 適量
手工藝用棉花：適量

作法

① 縫合邊端。

捲邊縫。
香腸（正面）
※製作2片。

② 縫合，完成！

香腸（後面）
棉花
填入棉花後捲邊縫。

原寸紙型

※捲邊縫以與不織布相同顏色的25號繡線（1股）進行。

香腸 2片
（紅色）

※捲邊縫以與不織布相同顏色的25號
　繡線（1股）進行。
※刺繡時使用25號繡線。

<麵包>

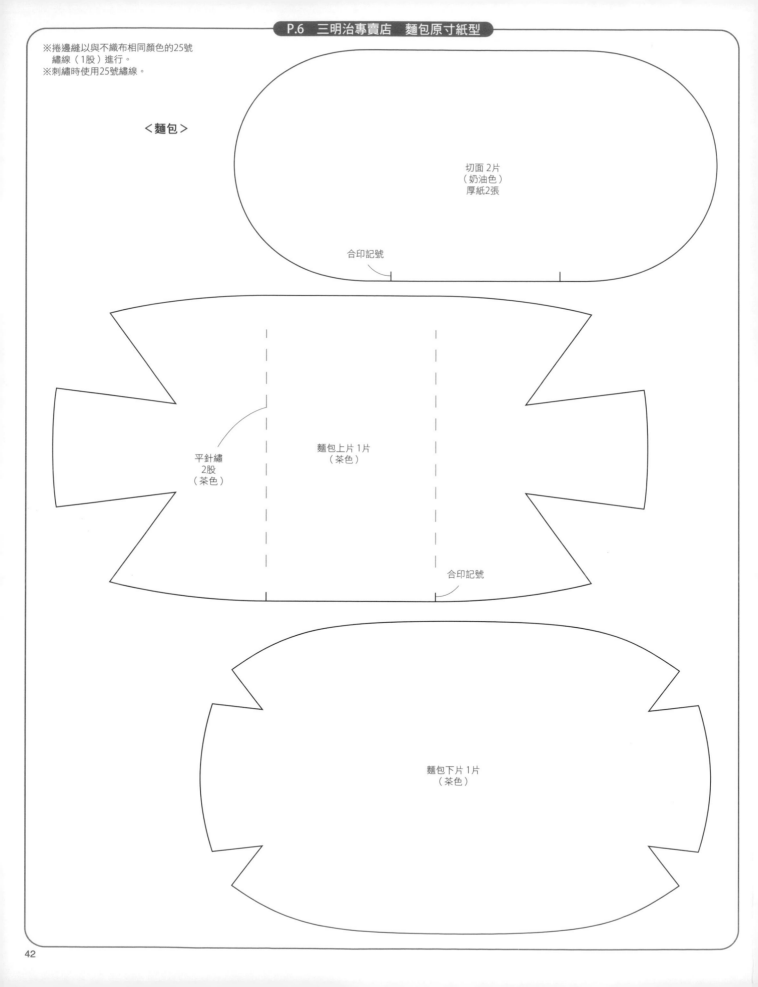

切面 2片
（奶油色）
厚紙2張

合印記號

平針繡
2股
（茶色）

麵包上片 1片
（茶色）

合印記號

麵包下片 1片
（茶色）

三明治專賣店
生菜

P.6

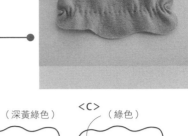

材 料 （1個）

不織布：<A>黃綠色（450）<B>深黃綠色（443）
<C>綠色（440） 各20cm×10cm
25號繡線：黃綠色 適量

作 法

① 進行刺繡。

<A>（黃綠色）
0.5cm

生菜

0.5cm

進行縮縫將全長
控制在13cm。

<B>（深黃綠色）　　<C>（綠色）

原寸紙型

※捲邊縫以與不織布相同顏色的25號繡線（1股）進行。

平針繡
3股
<A>（黃綠色）
<B>（深黃綠色）
<C>（綠色）

生菜 各1片
<A>（黃綠色）
<B>（深黃綠色）
<C>（綠色）

三明治專賣店
番茄

P.6

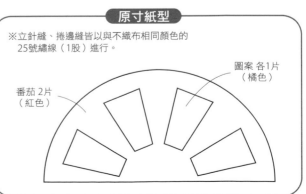

材 料 （1片）

不織布：紅色（113）15cm×5cm、橘色（370） 適量
25號繡線：紅色・橘色 各適量

作 法

① 縫製圖案。　　② 縫合，完成！

圖案
番茄（正面）
立針縫。

番茄（背面）
重疊兩片
進行捲邊縫。

原寸紙型

※立針縫、捲邊縫皆以與不織布相同顏色的
25號繡線（1股）進行。

圖案 各1片
（橘色）

番茄 2片
（紅色）

43

三明治專賣店
洋蔥
P.6

材 料 （1片）

不織布：白色（703） 10cm×5cm
25號繡線： 白色 適量

作 法

將兩片重疊縫合，完成！

洋蔥
重疊兩片
進行捲邊縫。

原寸紙型

※捲邊縫以與不織布相同顏色的
　25號繡線（1股）進行。

洋蔥 2片
（白色）

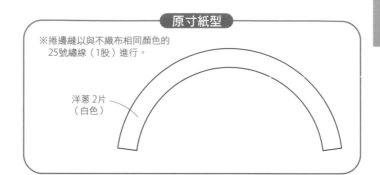

三明治專賣店
青椒
P.6

材 料 （1片）

不織布：綠色（440） 10cm×5cm
25號繡線： 綠色 適量

作 法

縫合，完成！

青椒
重疊兩片
進行捲邊縫。

原寸紙型

※捲邊縫以與不織布相同顏色的
　25號繡線（1股）進行。

青椒 2片
（綠色）

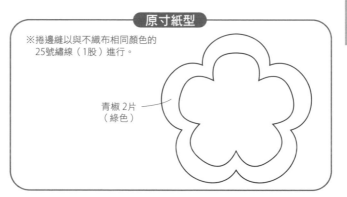

三明治專賣店
起司
P.6

材 料 （1片）

不織布：奶油色（304） 10cm×5cm

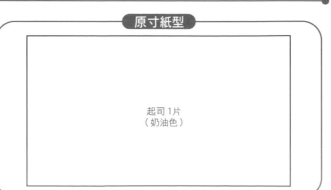

作 法

依形狀剪下，完成！

起司

原寸紙型

起司 1片
（奶油色）

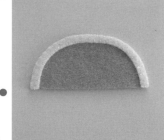

三明治專賣店
火腿

P.6

材 料 （1片）

不織布：粉紅色（105）・白色（703） 各10cm×5cm
25號繡線： 白色 適量

作 法

縫製圖案，完成！

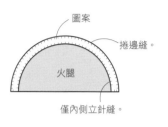

- 圖案
- 捲邊縫。
- 火腿
- 僅內側立針縫。

原寸紙型

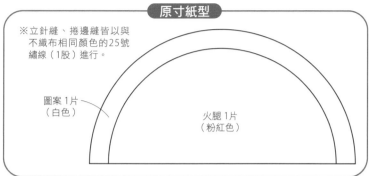

※立針縫、捲邊縫皆以與
不織布相同顏色的25號
繡線（1股）進行。

圖案 1片
（白色）

火腿 1片
（粉紅色）

三明治專賣店
培根

P.6

材 料 （1片）

不織布：深粉紅色（116） 10cm×10cm、粉紅色（105） 適量
25號繡線： 深粉紅色、粉紅色 各適量

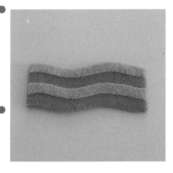

作 法

① 縫合。

② 縫製圖案，
完成！

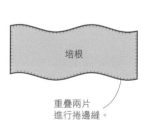

- 培根
- 重疊兩片
進行捲邊縫。

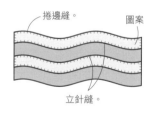

- 捲邊縫。
- 圖案
- 立針縫。

原寸紙型

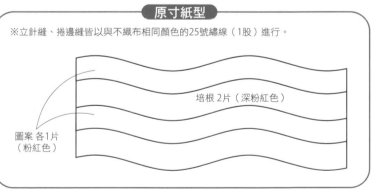

※立針縫、捲邊縫皆以與不織布相同顏色的25號繡線（1股）進行。

培根 2片（深粉紅色）

圖案 各1片
（粉紅色）

小技巧

＊使作品看起來更漂亮的作法＊

沿著形狀裁剪。

只要依照形狀裁剪，
即便縫合得不夠整齊，
也能看起來工整。

縫線不要過密。

不熟悉作法時容易縫得太
過密集，建議間隔約3mm至
4mm，每針縫線長度約2mm
左右是最適當的。

鬆餅屋
鬆餅

P.8

材料 （1片分）

不織布：茶色（219）・深茶色（225）各15cm×15cm
25號繡線：茶色 適量
手工藝用棉花：適量

原寸紙型

※捲邊縫以與不織布相同顏色的25號
繡線（1股）進行。

鬆餅上片 1片（茶色）
鬆餅下片 1片（深茶色）

作 法

❶ 填入棉花後縫合，完成！

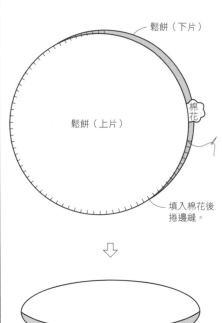

鬆餅（下片）

鬆餅（上片）

棉花

填入棉花後
捲邊縫。

鬆餅屋
樹莓・藍莓

P.8

材料 （1個）

不織布：＜樹莓＞深粉紅色（116）
　　　　＜藍莓＞淺紫色（680）各5cm×5cm
25號繡線：＜樹莓＞深粉紅色
　　　　　＜藍莓＞淺紫色 各適量
手工藝用棉花：各適量

作 法

❶ 平針縫邊緣一圈。　❷ 填入棉花後縮口，完成！

棉花

填入棉花後縮口。

於中心處
縫合固定。

樹莓

密縫。

＜樹莓＞
（深粉紅色）

＜藍莓＞
（淺紫色）

原寸紙型

※刺繡時以與不織布相同顏色的
25號繡線（1股）進行。

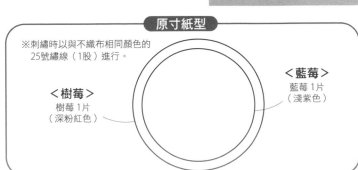

＜樹莓＞
樹莓 1片
（深粉紅色）

＜藍莓＞
藍莓 1片
（淺紫色）

鬆餅屋
冰淇淋

P.8

材料 （1個）

不織布：＜A＞淺粉紅色（110）＜B＞奶油色（331）各15cm×10cm
25號繡線：＜A＞淺粉紅色＜B＞奶油色 各適量
手工藝用棉花：各適量 厚紙：各5cm×5cm

作法

1 縫合側面。

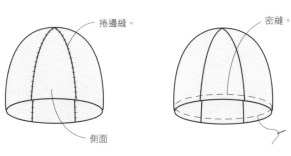

捲邊縫。

側面

2 平針縫邊緣一圈。

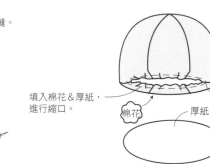

密縫。

填入棉花＆厚紙，
進行縮口。

棉花　　厚紙

3 縫上底部。

立針縫。　　冰淇淋底部

4 完成！

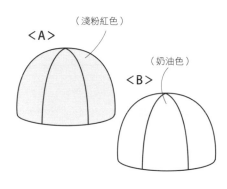

＜A＞（淺粉紅色）

＜B＞（奶油色）

原寸紙型

※立針縫、捲邊縫皆以與不織布相同顏色的25號繡線（1股）進行。

冰淇淋底部
厚紙 1片

冰淇淋底部
1片
＜A＞（淺粉紅色）
＜B＞（奶油色）

冰淇淋側面
6片
＜A＞（淺粉紅色）
＜B＞（奶油色）

鬆餅屋
草莓

P.8

材料 （1個）

不織布：紅色（113）・綠色（440）各5cm×5cm
25號繡線：紅色・綠色・白色 各適量
手工藝用棉花：適量

作法

1 製作草莓。

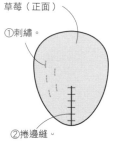

草莓（正面）

①刺繡。

②捲邊縫。

草莓（背面）

填入棉花後
捲邊縫。

棉花

2 加上果蒂，完成！

果蒂

①刺繡。

②以接著劑黏貼。

原寸紙型

※捲邊縫以與不織布相同顏色的25號繡線（1股）進行。

法國結粒繡6股
（綠色）

直線繡2股
（白色）

草莓 2片
（紅色）

果蒂 1片
（綠色）

鬆餅屋
香蕉

P.8

材 料 （1個）

不織布：奶油色（331） 10cm×5cm
25號繡線：奶油色・茶色 各適量
手工藝用棉花：適量

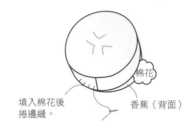

作 法

1 進行刺繡。

2 縫合香蕉＆側面，完成！

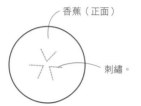

香蕉（正面）

刺繡。

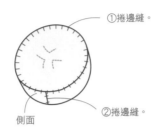

①捲邊縫。

②捲邊縫。

側面

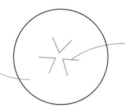

①捲邊縫。

填入棉花後
捲邊縫。

棉花

香蕉（背面）

原寸紙型

※捲邊縫以與不織布相同顏色的25號繡線（1股）進行。
※刺繡時使用25號繡線。

香蕉側面 1片
（奶油色）

香蕉 2片
（奶油色）

直線繡 3股
（茶色）

鬆餅屋
鳳梨

P.8

材 料 （1個）

不織布：黃色（313） 10cm×5cm
25號繡線：黃色・白色 適量
手工藝用棉花：適量

作 法

1 進行刺繡。

2 縫合鳳梨＆側面，完成！

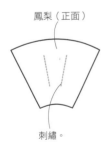

鳳梨（正面）

刺繡。

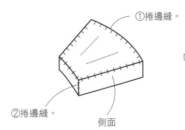

①捲邊縫。

②捲邊縫。

側面

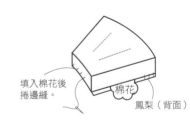

填入棉花後
捲邊縫。

棉花

鳳梨（背面）

原寸紙型

※捲邊縫以與不織布相同顏色的25號繡線（1股）進行。
※刺繡時使用25號繡線。

鳳梨側面 1片
（黃色）

鳳梨 2片
（黃色）

回針繡 3股
（白色）

鬆餅屋
櫻桃
P.8

【 材 料 】（1個）
不織布：紅色（113）5cm×5cm
25號繡線：紅色・深茶色 各適量
手工藝用棉花：適量

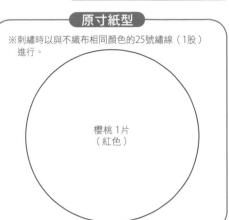

【 作 法 】

1 加上櫻桃梗。　　**2** 製作櫻桃。　　**3** 固定莖部，完成！

取3股繡線。
櫻桃
穿過中心。

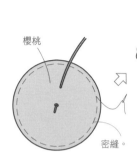

櫻桃
密縫。

棉花
填入棉花後縮口。

於中心處縫合固定。

②剪去多餘的部分。
①以接著劑固定。
2.5cm

【 原寸紙型 】
※刺繡時以與不織布相同顏色的25號繡線（1股）進行。

櫻桃 1片
（紅色）

鬆餅屋
鮮奶油
P.8

【 材 料 】（1個）
不織布：＜大＞ 白色（703）10cm×10cm
　　　　＜小＞ 白色（703）・淺粉紅色（110）各5cm×5cm
25號繡線：白色 ・淺粉紅色 各適量

【 作 法 】

串連＆縫合不織布尖端，完成！

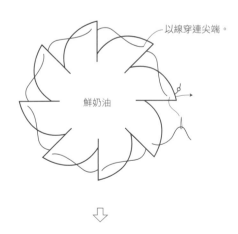

以線穿連尖端。
鮮奶油

拉線縮縫。

【 原寸紙型 】
※刺繡時以與不織布相同顏色的25號繡線（1股）進行。

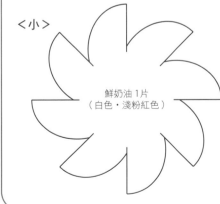

＜小＞
鮮奶油 1片
（白色・淺粉紅色）

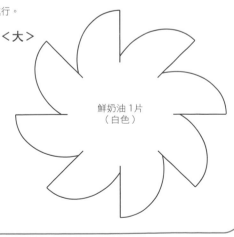

＜大＞
鮮奶油 1片
（白色）

＜大＞（白色）

＜小＞（白色）

＜小＞（淺粉紅色）

鬆餅屋
橘子

P.8

材 料 （1個）

不織布：橘色（370）10cm×5cm、白色（703）5cm×5cm
25號繡線：橘色・白色 各適量
手工藝用棉花：適量

作 法

1 縫合橘子&側面。

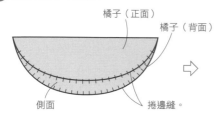

橘子（正面）
橘子（背面）
側面
捲邊縫。

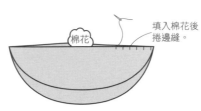

棉花
填入棉花後
捲邊縫。

2 加上圖案&種子，完成！

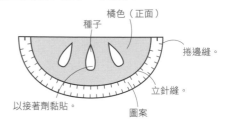

種子
橘色（正面）
捲邊縫。
立針縫。
以接著劑黏貼。
圖案

原寸紙型

※立針縫、捲邊縫皆以與不織布相同顏色的25號繡線（1股）進行。

橘子側面 1片
（橘色）

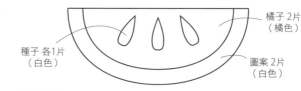

橘子 2片
（橘色）
種子 各1片
（白色）
圖案 2片
（白色）

鬆餅屋
奇異果

P.8

材 料 （1個）

不織布：黃綠色（443）10cm×5cm、白色（703）5cm×5cm
25號繡線：黃綠色・白色・黑色 各適量
手工藝用棉花：適量

作 法

1 進行刺繡。

刺繡。
奇異果

2 縫合奇異果&側面。

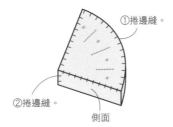

①捲邊縫。
②捲邊縫。
側面

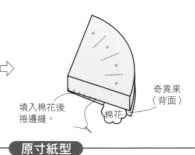

填入棉花後
捲邊縫。
棉花
奇異果
（背面）

3 加上圖案，完成！

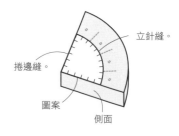

立針縫。
捲邊縫。
圖案
側面

原寸紙型

※立針縫、捲邊縫皆以與不織布相同顏色的25號繡線（1股）進行。
※刺繡時使用25號繡線。

奇異果側面 1片
（黃綠色）

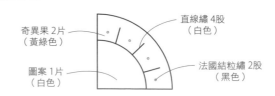

奇異果 2片
（黃綠色）
直線繡 4股
（白色）
圖案 1片
（白色）
法國結粒繡 2股
（黑色）

P.6 ＊三明治組合圖＊

P.41
P.41
P.44
P.43
P.44
P.43
P.43
P.44
P.41
P.45

P.8 ＊鬆餅組合圖＊

鬆餅 —— P.46
冰淇淋 —— P.47
櫻桃 —— P.49
橘子 —— P.50
草莓 —— P.47
香蕉 —— P.48
鳳梨 —— P.48
奇異果 —— P.50
樹莓 —— P.46
藍莓 —— P.46
鮮奶油 —— P.49

餅乾小舖
巧克力餅乾
P.10

材料（1片）

不織布：<A>茶色（219）10cm×5cm、深茶色（227）
5cm×5cm、<B>奶油色（331）10cm×5cm、深茶色
（227）5cm×5cm
25號繡線：<A>茶色・深茶色<B>奶油色・深茶色 各適量
手工藝用棉花：各適量

作法

① 加上巧克力碎片。

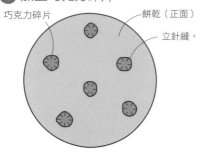

巧克力碎片　　　餅乾（正面）
　　　　　　　　立針縫。

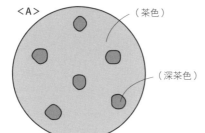

<A>　　　　　　（茶色）
　　　　　　　　（深茶色）

② 縫合，完成！

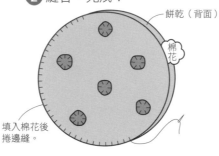

餅乾（背面）

棉花

填入棉花後
捲邊縫。

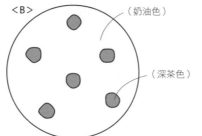

<B>　　　　　（奶油色）
　　　　　　　（深茶色）

原寸紙型

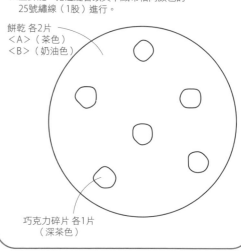

※立針縫、捲邊縫皆以與不織布相同顏色的
　25號繡線（1股）進行。

餅乾 各2片
<A>（茶色）
<B>（奶油色）

巧克力碎片 各1片
（深茶色）

餅乾小舖
心形餅乾
P.10

材料（1片）

不織布：<A>茶色（219）<B>粉紅色（123）各10cm×5cm
25號繡線：茶色・深茶色・粉紅色・深粉紅色 各適量
手工藝用棉花：各適量

作法

① 進行刺繡。

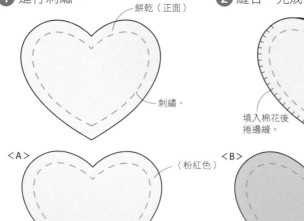

餅乾（正面）

刺繡。

<A>　　　　　（粉紅色）
　　　　　（深粉紅色）

② 縫合，完成！

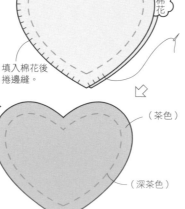

餅乾（背面）

棉花

填入棉花後
捲邊縫。

<B>　　　　（茶色）
　　　（深茶色）

原寸圖案

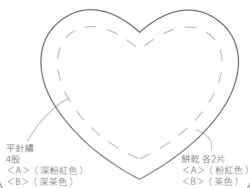

※捲邊縫以與不織布相同顏色的25號繡線（1股）進行。
※刺繡時使用25號繡線。

平針繡
4股
<A>（深粉紅色）
<B>（深茶色）

餅乾 各2片
<A>（粉紅色）
<B>（茶色）

餅乾小舖
螺旋餅乾
P.10

材料（1片）

不織布：<A>奶油色（331）10cm×5cm、橘色（370）5cm×5cm
<B>茶色（219）10cm×5cm、粉紅色（123）5cm×5cm
25號繡線：<A>奶油色・橘色<B>茶色・粉紅色 各適量
手工藝用棉花：各適量

作 法

① 縫製圖案。

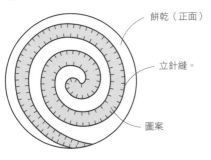

餅乾（正面）
立針縫。
圖案

<A>
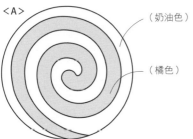
（奶油色）
（橘色）

② 縫合，完成！

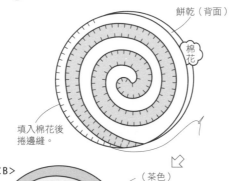

餅乾（背面）
棉花
填入棉花後捲邊縫。

<B>
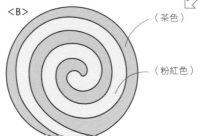
（茶色）
（粉紅色）

原寸圖案

※立針縫、捲邊縫皆以與不織布相同顏色的25號繡線（1股）進行。

餅乾 各2片
<A>（奶油色）
<B>（茶色）

圖案 各1片
<A>（橘色）
<B>（粉紅色）

餅乾小舖
小熊餅乾
P.10

材料（1片）

不織布：<A>茶色（219）<B>奶油色（331）各15cm×5cm
25號繡線：<A>深茶色・茶色・深茶色
<B>奶油色・深茶色・深奶油色 各適量
手工藝用棉花：各適量

作 法

① 進行刺繡。

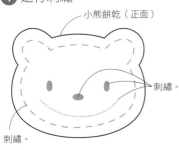

小熊餅乾（正面）
刺繡。
刺繡。

<A>
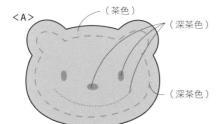
（茶色）
（深茶色）
（深茶色）

② 縫合，完成！

小熊餅乾（背面）
棉花
填入棉花後捲邊縫。

<B>
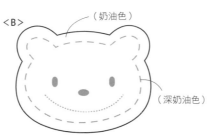
（奶油色）
（深奶油色）

原寸紙型

※捲邊縫以與不織布相同顏色的25號繡線（1股）進行。
※刺繡時使用25號繡線。

餅乾 各2片
<A>（茶色）<B>（奶油色）

緞面繡 2股
（深茶色）

平針繡 3股
<A>（深茶）<B>（奶油色）

回針繡 3股
（深茶色）

餅乾小舖
原味餅乾

P.10

材 料 （1片）

不織布：<A>茶色（219）<B>深茶色（227）各10cm×5cm
25號繡線：<A>淺茶色・茶色 <B>深茶色 各適量
手工藝用棉花：各適量

作 法

1 進行刺繡。

原味餅乾（正面）

刺繡。

<A>
（茶色）
（淺茶色）

2 縫合，完成！

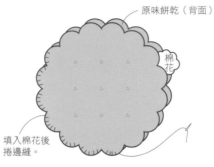

原味餅乾（背面）

棉花

填入棉花後
捲邊縫。

<B>
（深茶色）
（茶色）

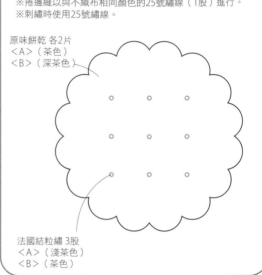

原寸圖案

※捲邊縫以與不織布相同顏色的25號繡線（1股）進行。
※刺繡時使用25號繡線。

原味餅乾 各2片
<A>（茶色）
<B>（深茶色）

法國結粒繡 3股
<A>（淺茶色）
<B>（茶色）

餅乾小舖
格子餅乾

P.10

材 料 （1片）

不織布：奶油色（331）・茶色（219）各5cm×5cm
25號繡線：奶油色・茶色 各適量
手工藝用棉花：適量

作 法

1 縫製圖案。

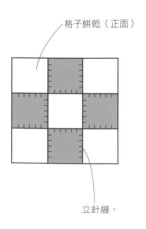

格子餅乾（正面）

立針縫。

2 縫合，完成！

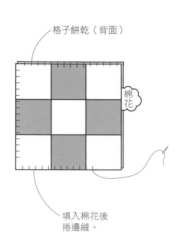

格子餅乾（背面）

棉花

填入棉花後
捲邊縫。

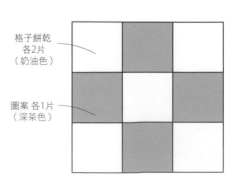

原寸圖案

※立針縫、捲邊縫皆以與不織布相同顏色的
25號繡線（1股）進行。

格子餅乾
各2片
（奶油色）

圖案 各1片
（深茶色）

餅乾小舖
果醬餅乾
P.10

材料 （1片）
不織布：＜A＞奶油色（331）10cm×5cm、粉紅色（123）5cm×5cm
　　　　＜B＞茶色（227）10cm×5cm、橘色（370）5cm×5cm
25號繡線：＜A＞奶油色＜B＞茶色 各適量
手工藝用棉花：各適量

作法

1 加上果醬。

果醬餅乾（正面）

果醬

立針縫。

2 縫合，完成！

果醬餅乾（背面）

棉花

填入棉花後
捲邊縫。

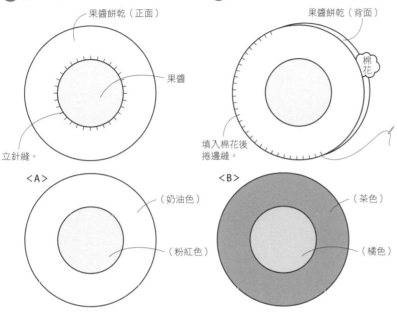

＜A＞
（奶油色）
（粉紅色）

＜B＞
（茶色）
（橘色）

原寸圖案

※立針縫、捲邊縫皆以與不織布相同顏色的
　25號繡線（1股）進行。

果醬 各1片
＜A＞（粉紅色）
＜B＞（橘色）

果醬餅乾 各2片
＜A＞（奶油色）
＜B＞（茶色）

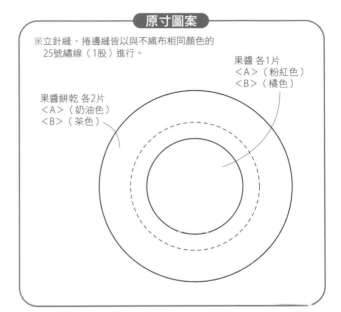

餅乾小舖
方形餅乾
P.10

材料 （1片）
不織布：＜A＞茶色（219）＜B＞奶油色（331） 各10cm×5cm
25號繡線：＜A＞茶色・淺茶色＜B＞奶油色・淺奶油色 各適量
手工藝用棉花：各適量

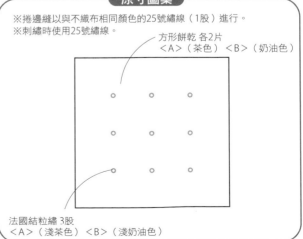

作法

1 進行刺繡。

方形餅乾（正面）

刺繡。

2 縫合，完成！

方形餅乾（背面）

棉花

填入棉花後
捲邊縫。

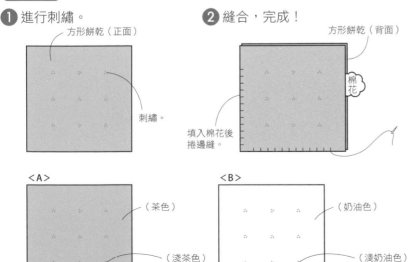

＜A＞
（茶色）
（淺茶色）

＜B＞
（奶油色）
（淺奶油色）

原寸圖案

※捲邊縫以與不織布相同顏色的25號繡線（1股）進行。
※刺繡時使用25號繡線。

方形餅乾 各2片
＜A＞（茶色）＜B＞（奶油色）

法國結粒繡 3股
＜A＞（淺茶色）＜B＞（淺奶油色）

和菓子專賣店
秋色花

P.12

材　料（1個）

不織布：橘色（370）15cm×10cm、黃色（313）少許
25號繡線：橘色 適量
手工藝用棉花：適量　厚紙：5cm×5cm　接著劑

作　法

① 製作秋色花。

秋色花　　捲邊縫。　　　　　密縫。

② 填入棉花&厚紙，
　收緊縮口。

厚紙

①以錐子打洞。

棉花

②填入。

翻面。

③縮口。

③ 製作底部。

取2股橘色繡線，
拉緊作出花瓣狀。

底側

翻面。

立針縫。

底部

④ 製作裝飾。

塗上接著劑
固定。

不織布
（黃色）

乾燥後剪碎。

⑤ 加上裝飾，完成！

以接著劑黏貼。

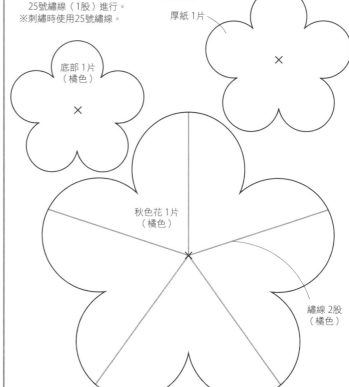

原寸紙型

※立針縫、捲邊縫皆以與不織布相同顏色的
　25號繡線（1股）進行。
※刺繡時使用25號繡線。

厚紙 1片

底部 1片
（橘色）

秋色花 1片
（橘色）

繡線 2股
（橘色）

和菓子專賣店
野花

P.12

材　料（1個）

不織布：奶油色（304）10cm×10cm
　　　　粉紅色（103）・淺粉紅色（105）5cm×5cm、白色 少許
25號繡線：奶油色 適量
手工藝用棉花：適量　厚紙：5cm×5cm　接著劑

作　法　※原寸紙型參見P.57。

① 製作本體。

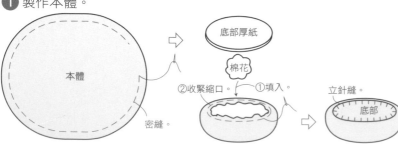

本體

密縫。

底部厚紙

棉花

②收緊縮口。　①填入。

立針縫。

底部

② 加上裝飾，完成！

①以接著劑黏貼。

②以接著劑黏貼。

和菓子專賣店
小菊

P.12

材 料 （1個）

不織布：粉紅色（123）20cm×10cm、黃色（313）5cm×5cm
25號繡線：粉紅色 適量
手工藝用棉花：適量　接著劑

作 法

❶ 製作本體。

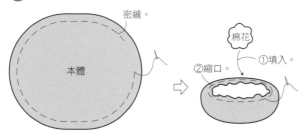

密縫。

本體

棉花
①填入。
②縮口。

❷ 製作裝飾A。

密縫。

縮縫。

一邊捲一邊縫合固定。

❸ 加上裝飾A。

以接著劑黏貼。

❹ 加上裝飾B。

以接著劑黏貼。

❺ 加上底部，完成！

以接著劑黏貼。

底部

原寸紙型

※刺繡時以與不織布相同顏色的25號繡線（1股）進行。

裝飾A 1片
（黃色）

底部 1片
（粉紅色）

裝飾B 16片
（粉紅色）

本體 1片
（粉紅色）

P.12　和菓子專賣店・野花　原寸紙型

※立針縫、捲邊縫皆以與不織布相同顏色的25號繡線（1股）進行。

底部 1片
（奶油色）

底部厚紙 1片

裝飾 3片
（白色）

裝飾 1片
（粉紅色）
裝飾 2片
（淺粉紅色）

本體 1片
（奶油色）

和菓子專賣店
楓葉

P.12

材 料 （1個）

不織布：白色（703）10cm×10cm、黃綠色（450）10cm×10cm
橘色（370）適量
25號繡線：白色・黃綠色・黑色 適量
手工藝用棉花：適量　接著劑

原寸紙型

※立針縫以與不織布相同顏色的
　25號繡線（1股）進行。
※楓葉的葉梗使用25號繡線。

楓葉 1片
（橘色）

繡線 8股
（黑色）

底部 1片
（白色）

本體上層 1片
（黃綠色）

本體下層 1片
（白色）

作 法

① 縫合。

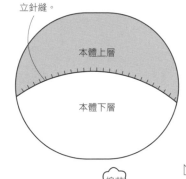

立針縫。

本體上層

本體下層

② 製作本體。

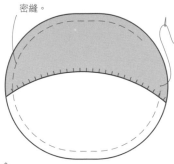

密縫。

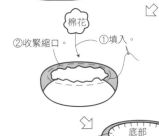

棉花

②收緊縮口。　①填入。

底部

立針縫。

③ 加上楓葉，完成！

取8股繡線
以接著劑固定後貼上。

②以接著劑黏貼。

和菓子專賣店
桔梗

P.12

材 料 （1個）

不織布：紫色（680）20cm×10cm
25號繡線：紫色・金色 各適量
手工藝用棉花：適量

原寸紙型

桔梗 2片
（紫色）

回針繡 2股
（金色）

緞面繡
2股
（金色）

法國結粒繡
2股
（金色）

桔梗側面 1片
（紫色）

作 法

① 進行刺繡。

刺繡。

桔梗（正面）

② 縫上側面＆底部，
完成！

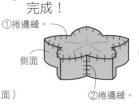

①捲邊縫。

側面

②捲邊縫。

桔梗
（底部）

棉花

填入棉花後捲邊縫。

※捲邊縫以與不織布相同顏色的25號繡線（1股）進行。
※刺繡時使用25號繡線。

和菓子專賣店
波浪
P.12

材料（1個）

不織布：白色（703）・藍色（583）・水藍色（553）各15cm×5cm
　　　　茶色（219）10cm×5cm
25號繡線：白色・藍色・水藍色・茶色 各適量
手工藝用棉花：適量　**接著劑**

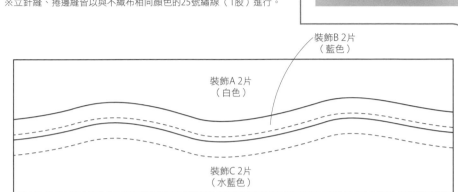

作 法

1 製作裝飾。

①立針縫。
裝飾B
裝飾A
裝飾C
②立針縫。
※製作2片。

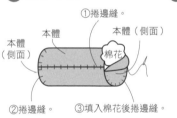

捲邊縫。

2 製作本體。

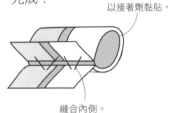

本體（側面）
本體
本體（側面）
棉花
①捲邊縫。
本體（側面）
②捲邊縫。
③填入棉花後捲邊縫。

3 將本體加上裝飾，完成！

以接著劑黏貼。
縫合內側。

原寸紙型

※立針縫、捲邊縫皆以與不織布相同顏色的25號繡線（1股）進行。

裝飾B 2片（藍色）
裝飾A 2片（白色）
裝飾C 2片（水藍色）

本體 1片（茶色）

本體側面 2片（茶色）

和菓子專賣店
千鳥
P.12

材料（1個）

不織布：白色（703）20cm×5cm、水藍色（553）5cm×5cm
25號繡線：白色・深茶色 各適量
手工藝用棉花：適量　**透明線**：適量

作 法

1 進行刺繡。

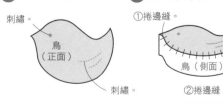

刺繡。
鳥（正面）
刺繡。

2 縫上側面＆底部，完成！

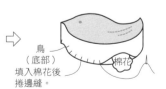

①捲邊縫。
鳥（側面）
②捲邊縫。
鳥（底部）
填入棉花後捲邊縫。
棉花

緞面繡 2股（深茶色）
鳥・正面 1片（水藍色）
鳥・底部 1片（白色）
回針繡 2股（白色）

原寸紙型

※立針縫、捲邊縫皆以與不織布相同顏色的25號繡線（1股）進行。

側面 1片（白色）

和菓子專賣店
月之華
P.12

材料 （1個）
不織布：奶油色（304） 10cm×10cm
　　　　黃色（313）・粉紅色（103） 各5cm×5cm
25號繡線：奶油色・白色 適量
手工藝用棉花：適量　接著劑

作法

① 製作本體。

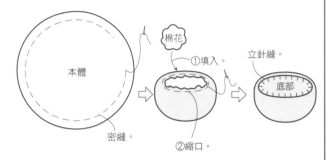

原寸紙型

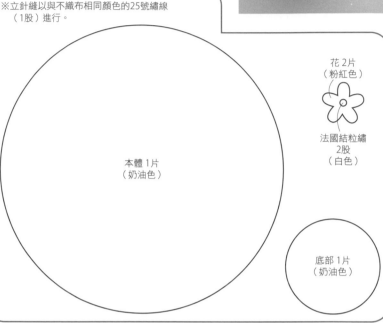

※立針縫以與不織布相同顏色的25號繡線
　（1股）進行。

本體 1片
（奶油色）

花 2片
（粉紅色）

法國結粒繡
2股
（白色）

底部 1片
（奶油色）

② 加上裝飾，完成！

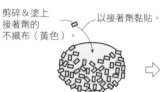

剪碎＆塗上
接著劑的
不織布（黃色）。

以接著劑黏貼。

刺繡。

以接著劑黏貼。

和菓子專賣店
雪兔
P.12

材料 （1個）
不織布：白色（703） 10cm×10cm、淺粉紅色（110） 各5cm×5cm
25號繡線：白色・淺粉紅色・紅色 各適量
手工藝用棉花：適量　厚紙：5cm×5cm

作法

① 縫製圖案。

② 製作雪兔。

原寸紙型

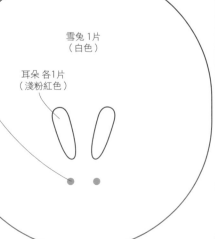

※立針縫、捲邊縫皆以與不織布相同顏色的
　25號繡線（1股）進行。
※刺繡時使用25號繡線。

法國結粒繡
2股
（紅色）

底部 1片
（白色）

雪兔 1片
（白色）

耳朵 各1片
（淺粉紅色）

厚紙 1片

立針縫。

刺繡。

雪兔

密縫。

③ 加上底部，完成！

厚紙

棉花

①填入。

②拉緊縮口。

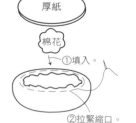

立針縫。

底部

飲茶餐廳
小籠包
P.14

材料 （1個）

不織布：白色（703） 15cm×15cm
25號繡線：白色 適量
手工藝用棉花：適量

作法

① 縫製皺褶。

小籠包（上）

剪空。

密縫。

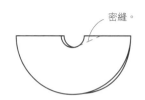

縫製8處。

在洞口周圍縮縫。

② 平針縫邊緣一圈。

密縫。

填入棉花，
拉緊縮口。

棉花

③ 縫上底部，完成！

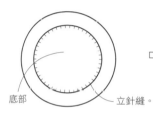

底部

立針縫。

原寸紙型

※立針縫以與不織布相同顏色的25號繡線（1股）進行。

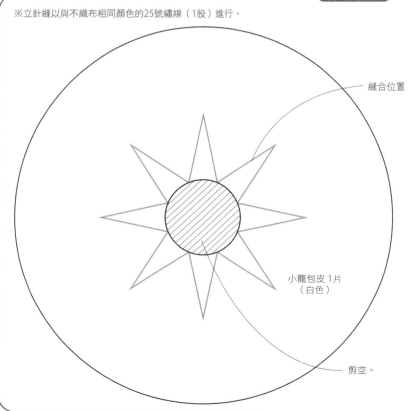

縫合位置

小籠包皮 1片
（白色）

剪空。

底部 1片
（白色）

飲茶餐廳
燒賣
P.14

材　料　（1個）

不織布：白色（703）・淺茶色（221）各10cm×10cm
　　　　　黃綠色（450）5cm×5cm
25號繡線：白色・淺茶色・黃綠色 各適量
手工藝用棉花：適量　**接著劑**

作　法

① 製作餡料。

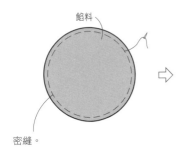 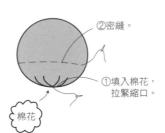 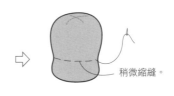 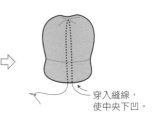

餡料

密縫。

②密縫。

①填入棉花，
拉緊縮口。

棉花

稍微縮縫。

穿入縫線，
使中央下凹。

② 製作豌豆。

豌豆

密縫。

棉花

填入棉花，
拉緊縮口。

③ 製作燒賣皮。

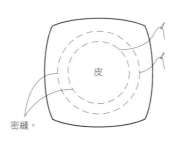

皮

密縫。

④ 在餡料上加上豌豆＆縫上燒賣皮，
完成！

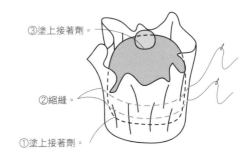

③塗上接著劑。

②縮縫。

①塗上接著劑。

原寸紙型

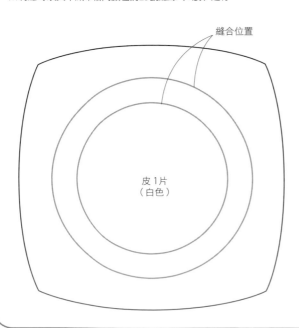
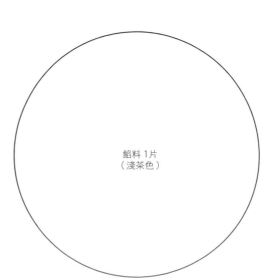

※刺繡時以與不織布相同顏色的25號繡線（1股）進行。

縫合位置

皮 1片
（白色）

餡料 1片
（淺茶色）

豌豆 1片
（黃綠色）

飲茶餐廳
餃子
P.14

材 料 （1個）
不織布：白色（703）10cm×10cm
25號繡線：白色 適量
手工藝用棉花：適量
油性筆：茶色

作 法

1 縫製皺褶。

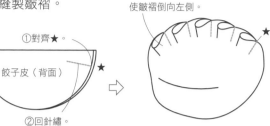

①對齊★。
餃子皮（背面）
②回針繡。
使皺褶倒向左側。

2 翻回正面，縫合開口。

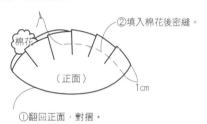

②填入棉花後密縫。
棉花
（正面）
1cm
①翻回正面，對摺。

3 底部塗上顏色，
完成！

以油性筆上色。

原寸紙型

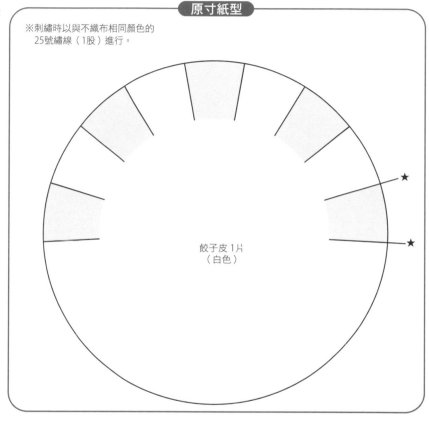

※刺繡時以與不織布相同顏色的
　25號繡線（1股）進行。

餃子皮 1片
（白色）

飲茶餐廳
鮮蝦燒賣
P.14

材 料 （1個）
不織布：奶油色（331）・米白色（213）各10cm×10cm
　　　　白色（703）・橘色（370）5cm×5cm
25號繡線：淺黃色・米白色・白色 各適量
手工藝用棉花：適量　接著劑

作 法　※燒賣作法參見P.62。

1 製作蝦子。

填入棉花後
捲邊縫。
棉花
蝦子（正面）
蝦子（背面）
花紋
以接著劑黏貼。

2 在燒賣上加上蝦子，
完成！

以接著劑
黏貼。

原寸紙型

※捲邊縫以與不織布相同顏色的25號繡線（1股）進行。

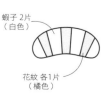

蝦子 2片
（白色）

花紋 各1片
（橘色）

飲茶餐廳
壽桃包
P.14

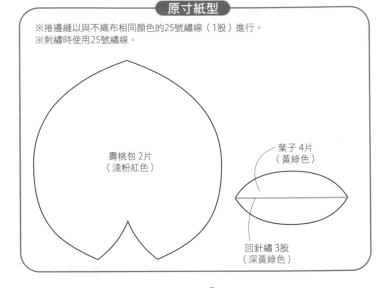

材 料 （1個）

不織布：淺粉紅色（110）10cm×5cm、黃綠色（450）5cm×5cm
25號繡線：淺粉紅色・黃綠色・深黃綠色 各適量
手工藝用棉花：適量　接著劑

作 法

① 製作壽桃包。

壽桃包
（正面）

※製作2片。

捲邊縫。

棉花

壽桃包
（背面）

填入棉花後
捲邊縫。

② 製作葉子。

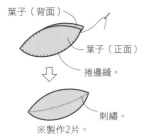

葉子（背面）

葉子（正面）

捲邊縫。

刺繡。

※製作2片。

③ 壽桃包貼上葉子，完成。

以接著劑黏貼。

原寸紙型

※捲邊縫以與不織布相同顏色的25號繡線（1股）進行。
※刺繡時使用25號繡線。

壽桃包 2片
（淺粉紅色）

葉子 4片
（黃綠色）

回針繡 3股
（深黃綠色）

飲茶餐廳
珍珠丸子
P.14

材 料 （1個）

不織布：淺茶色（221）10cm×10cm、白色（701）5cm×5cm
25號繡線：淺茶色 適量
手工藝用棉花：適量　接著劑

原寸紙型

※立針縫以與不織布相同顏色的25號繡線（1股）進行。

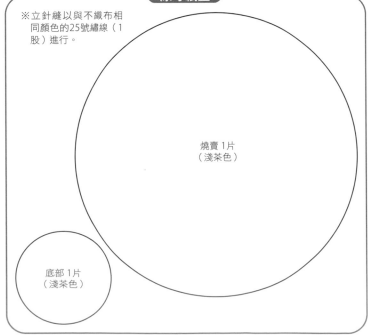

燒賣 1片
（淺茶色）

底部 1片
（淺茶色）

作 法

① 製作燒賣。

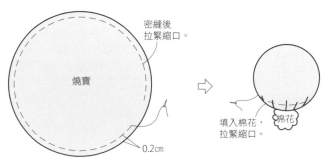

燒賣

密縫後
拉緊縮口。

0.2cm

填入棉花，
拉緊縮口。

棉花

② 縫上底部。

底部

立針縫。

③ 貼上糯米，完成！

糯米
不織布（白色）

密縫。

以接著劑
黏貼。

沙鮻魚

P.16

材 料（1個）

不織布：白色（701）10cm×10cm、灰色（770）10cm×5cm
奶油色（331）各10cm×5cm
25號繡線：灰色・白色 各適量
手工藝用棉花：適量

作 法

① 製作尾巴。

尾巴

捲邊縫。

② 製作花紋。

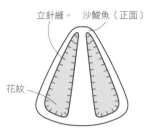

立針縫。　沙鮻魚（正面）

花紋

③ 縫合，沙鮻魚完成。

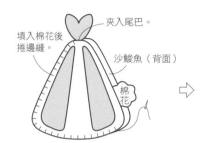

填入棉花後
捲邊縫。

夾入尾巴。

沙鮻魚（背面）

棉花

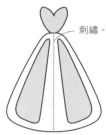

刺繡。

④ 製作麵衣＆夾入沙鮻魚，
完成！

麵衣

捲邊縫。

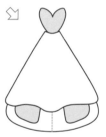

原寸紙型

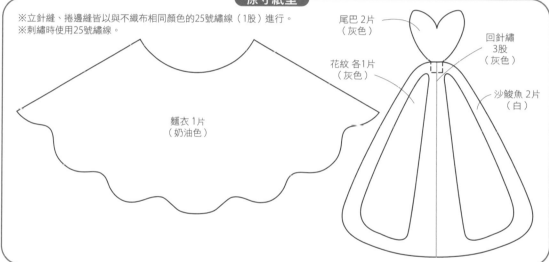

※立針縫、捲邊縫皆以與不織布相同顏色的25號繡線（1股）進行。
※刺繡時使用25號繡線。

麵衣 1片
（奶油色）

尾巴 2片
（灰色）

回針繡
3股
（灰色）

花紋 各1片
（灰色）

沙鮻魚 2片
（白）

天婦羅專賣店

蝦子

P.16

材 料（1個）

不織布：白色（701）・奶油色（331）各10cm×5cm
橘色（370）5cm×5cm
25號繡線：橘色・深橘色・白色 各適量
手工藝用棉花：適量

作 法　※原寸紙型參見P.66。

① 製作尾巴。

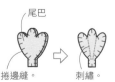

尾巴

捲邊縫。　刺繡。

② 縫合蝦子。

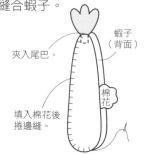

蝦子
（背面）

夾入尾巴。

填入棉花後
捲邊縫。

棉花

③ 加上
花紋。

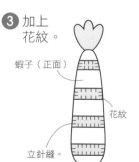

蝦子（正面）

花紋

立針縫。

④ 製作麵衣＆夾入蝦子，完成！

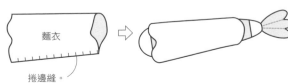

麵衣

捲邊縫。

香菇

P.16

材料 （1個）

不織布：茶色（225）10cm×10cm、奶油色（331）10cm×5cm
　　　　淺黃色（304）・淺茶色（213）5cm×5cm
25號繡線：茶色・奶油色 各適量
手工藝用棉花：適量　厚紙：5cm×5cm　接著劑

作 法

① 製作香菇。

② 加上底部，香菇完成。

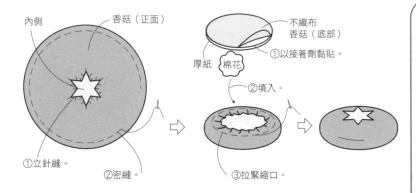

內側　香菇（正面）
①立針縫。
②密縫。

不織布
香菇（底部）
①以接著劑黏貼。
厚紙　棉花
②填入。
③拉緊縮口。

③ 製作麵衣＆夾入香菇，完成！

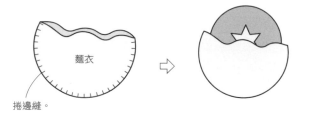

麵衣
捲邊縫。

原寸紙型

※立針縫、捲邊縫皆以與不織布相同顏色的
　25號繡線（1股）進行。

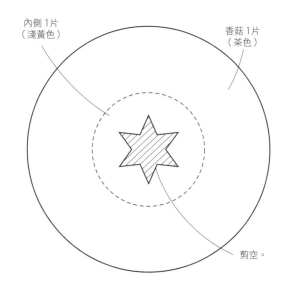

內側 1片
（淺黃色）

香菇 1片
（茶色）

剪空。

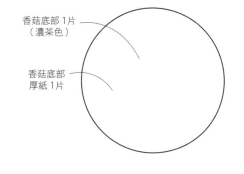

香菇底部 1片
（濃茶色）

香菇底部
厚紙 1片

P.16　天婦羅專賣店・蝦子　原寸紙型・圖案

※立針縫、捲邊縫皆以與不織布相同顏色的
　25號繡線（1股）進行。
※刺繡時使用25號繡線。

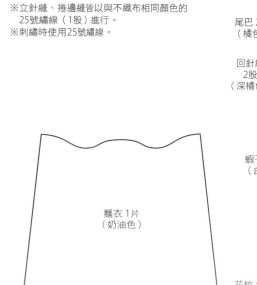

麵衣 1片
（奶油色）

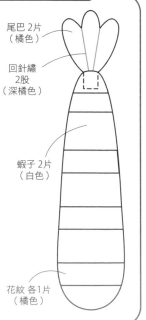

尾巴 2片
（橘色）

回針繡
2股
（深橘色）

蝦子 2片
（白色）

花紋 各1片
（橘色）

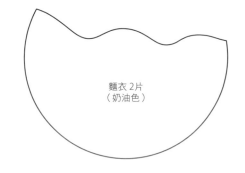

麵衣 2片
（奶油色）

天婦羅專賣店
蓮藕

P.16

材 料 （1個）

不織布：奶油色（331）・白色（701）各 10cm×5cm
25號繡線：白色・奶油色 各適量
手工藝用棉花：適量

作 法

① 縫合，蓮藕完成。

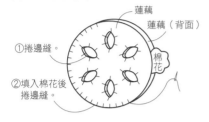

蓮藕
蓮藕（背面）
①捲邊縫。
棉花
②填入棉花後
　捲邊縫。

② 製作麵衣＆夾入蓮藕，完成！

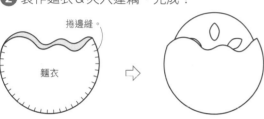

捲邊縫。
麵衣

原寸紙型

※捲邊縫以與不織布相同顏色的25號繡線（1股）進行。

剪空。
蓮藕 2片
（白色）

麵衣 2片
（奶油色）

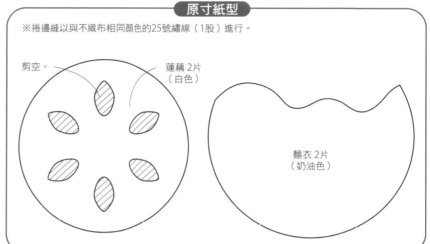

天婦羅專賣店
茄子

P.16

材 料 （1個）

不織布：深紫色（668）10cm×5cm、白色（701） 5cm×5cm
　　　　奶油色（331）10cm×5cm
25號繡線：白色・奶油色 各適量
手工藝用棉花：各適量　透明線：適量

作 法

① 縫合・茄子完成。

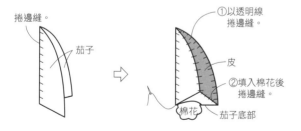

捲邊縫。
茄子
①以透明線
　捲邊縫。
皮
②填入棉花後
　捲邊縫。
棉花
茄子底部

原寸紙型

※立針縫、捲邊縫皆以與不織布相同顏色的
　25號繡線（1股）進行。

茄子 2片
（白色）

皮 1片
（深紫色）

茄子底部 1片
（白色）

麵衣 1片
（奶油色）

② 製作麵衣＆夾入茄子，完成！

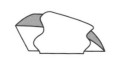

麵衣

捲邊縫。

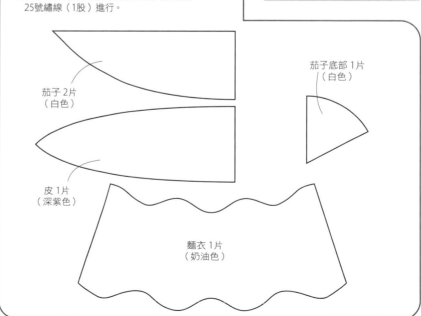

秋葵
P.16

材 料（1個）
不織布：黃綠色（443）・奶油色（331）各10cm×5cm
25號繡線：黃綠色・奶油色 各適量
手工藝用棉花：適量　接著劑

作 法

① 製作秋葵。

② 加上蒂頭，秋葵完成。

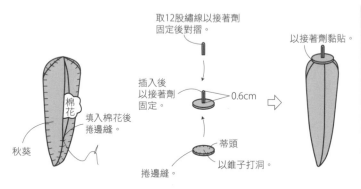

取12股繡線以接著劑
固定後對摺。

插入後
以接著劑
固定。

0.6cm

棉花

填入棉花後
捲邊縫。

秋葵

蒂頭

以錐子打洞。

捲邊縫。

以接著劑黏貼。

原寸紙型

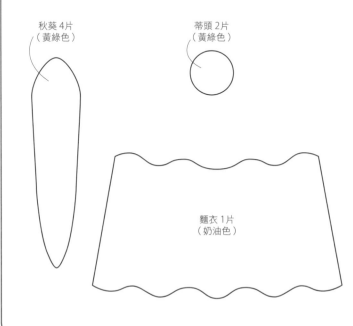

※捲邊縫以與不織布相同顏色的25號繡線（1股）進行。

秋葵 4片
（黃綠色）

蒂頭 2片
（黃綠色）

麵衣 1片
（奶油色）

③ 製作麵衣＆夾入秋葵，完成！

麵衣

捲邊縫。

紫蘇葉
P.16

材 料（1個）
不織布：綠色（440）15cm×10cm、奶油色（331）10cm×10cm
25號繡線：綠色・深綠色・奶油色 各適量

作 法　※原寸紙型參見P.69。

① 縫合，紫蘇葉完成。

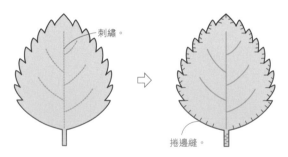

刺繡。

捲邊縫。

② 製作麵衣＆夾入紫蘇葉，完成！

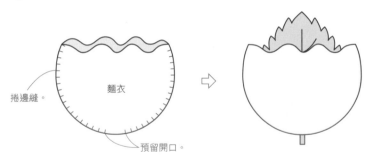

捲邊縫。

麵衣

預留開口。

天婦羅專賣店
地瓜

P.16

材 料 （1個）

不織布：黃色（313）10cm×10cm
深粉紅色（116）・奶油色（331）各10cm×5cm
25號繡線：黃色・奶油色 各適量
手工藝用棉花：適量 透明線：適量

作 法

① 縫合，地瓜完成。

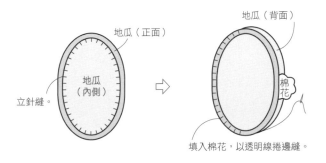

地瓜（背面）
地瓜（正面）
地瓜（內側）
立針縫。
棉花
填入棉花，以透明線捲邊縫。

② 製作麵衣＆夾入地瓜，完成！

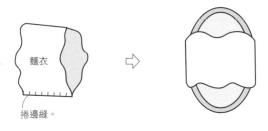

麵衣
捲邊縫。

原寸紙型

※立針縫、捲邊縫皆以與不織布相同顏色的25號繡線（1股）進行。

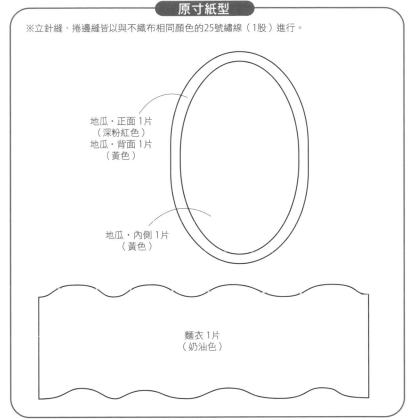

地瓜・正面 1片
（深粉紅色）
地瓜・背面 1片
（黃色）

地瓜・內側 1片
（黃色）

麵衣 1片
（奶油色）

P.16 天婦羅專賣店・紫蘇葉 原寸紙型

※捲邊縫以與不織布相同顏色的25號繡線（1股）進行。
※刺繡時使用25號繡線。

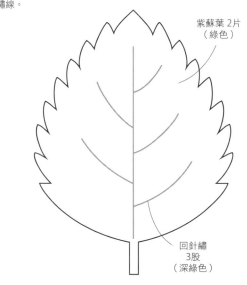

紫蘇葉 2片
（綠色）

回針繡
3股
（深綠色）

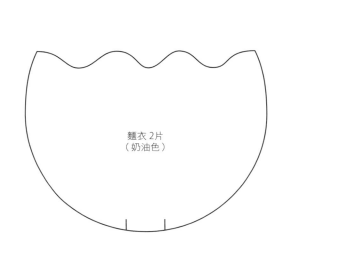

麵衣 2片
（奶油色）

天婦羅專賣店
南瓜
P.16

材 料 （1個）

不織布：黃色（383）・綠色（440）・奶油色（331）各10cm×5cm
25號繡線：黃色・奶油色 各適量
手工藝用棉花：適量　接著劑

作 法

1 製作南瓜。

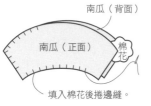

南瓜（背面）
南瓜（正面）
棉花
填入棉花後捲邊縫。

2 縫上南瓜皮，南瓜完成。

以接著劑黏貼。

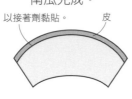

皮

3 製作麵衣＆夾入南瓜，完成！

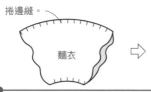

捲邊縫。
麵衣

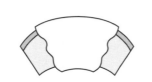

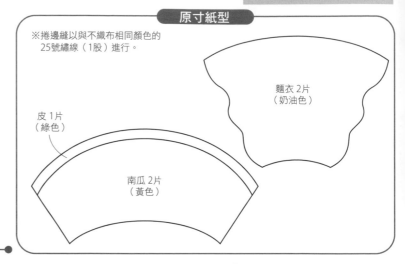

【原寸紙型】

※捲邊縫以與不織布相同顏色的
25號繡線（1股）進行。

麵衣 2片
（奶油色）

皮 1片
（綠色）

南瓜 2片
（黃色）

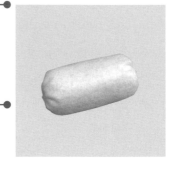

壽司屋
壽司飯
P.18

材 料 （1個）

不織布：白色（701）10cm×10cm
25號繡線：白色 適量
手工藝用棉花：適量

【原寸紙型】

※立針縫以與不織布相同顏色的25號繡線（1股）進行。

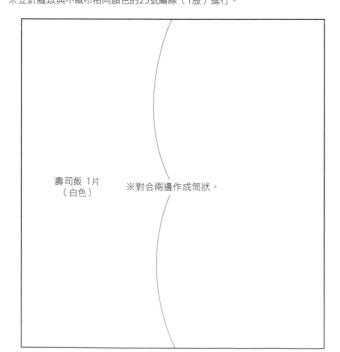

壽司飯 1片
（白色）

※對合兩邊作成筒狀。

作 法

1 縫製筒狀＆平針縫邊緣一圈。

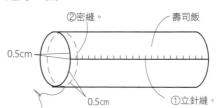

②密縫。
壽司飯
0.5cm
0.5cm
①立針縫。

2 縮縫＆填入棉花。

①將縫份收入內側，拉緊縮口。
②填入棉花。
棉花

3 以相同作法縮縫另一側，完成！

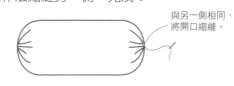

與另一側相同，
將開口縮縫。

壽司屋
星鰻壽司

P.18

材 料（1個）

不織布：茶色（225）10cm×10cm
25號繡線：茶色・黑色 各適量
手工藝用棉花：適量　接著劑

作 法　※壽司飯材料＆作法參見 P.70。

1 進行刺繡。

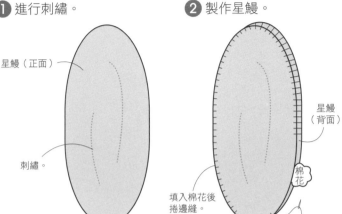

星鰻（正面）

刺繡。

2 製作星鰻。

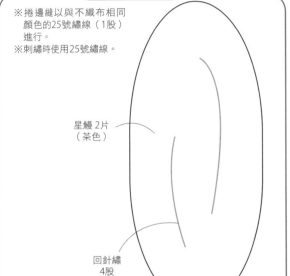

星鰻
（背面）

棉花

填入棉花後
捲邊縫。

原寸紙型

※捲邊縫以與不織布相同
　顏色的25號繡線（1股）
　進行。
※刺繡時使用25號繡線。

星鰻 2片
（茶色）

回針繡
4股
（黑色）

3 放在壽司飯上，
完成！

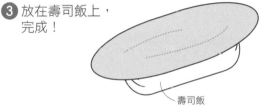

壽司飯

壽司屋
鮪魚握壽司

P.18

材 料（1個）

不織布：紅色（113）10cm×10cm
25號繡線：紅色・深粉紅色 各適量
手工藝用棉花：適量　接著劑

作 法　※壽司飯材料＆作法參見 P.70。

1 進行刺繡。

刺繡。

鮪魚（正面）

2 製作鮪魚。

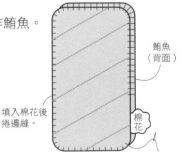

鮪魚
（背面）

填入棉花後
捲邊縫。

棉花

原寸紙型

※捲邊縫以與不織布相同
　顏色的25號繡線（1股）
　進行。
※刺繡時使用25號繡線。

回針繡
4股
（深粉紅色）

鮪魚 2片
（紅色）

3 放在壽司飯上，
完成！

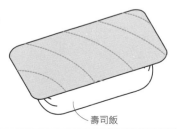

壽司飯

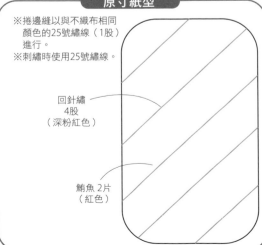

壽司屋
章魚壽司

P.18

材 料 （1個）
不織布：白色（703）10cm×10cm、胭脂紅（120）10cm×5cm
25號繡線：白色・胭脂紅 各適量
手工藝用棉花：適量 接著劑

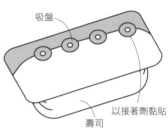

原寸紙型

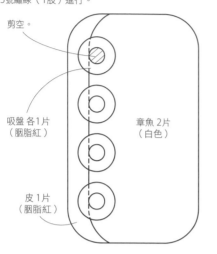

※立針縫、捲邊縫皆以與不織布相同
顏色的25號繡線（1股）進行。

剪空。

吸盤 各1片
（胭脂紅）

章魚 2片
（白色）

皮 1片
（胭脂紅）

作 法 ※壽司飯材料＆作法參見P.70。

1 在章魚上加上皮。 **2** 製作章魚。

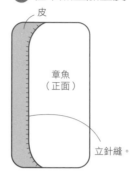

皮

章魚
（正面）

立針縫。

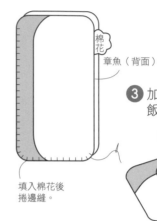

棉花

章魚（背面）

填入棉花後
捲邊縫。

3 加上吸盤＆放在壽司
飯上，完成！

吸盤

以接著劑黏貼

壽司

壽司屋
蝦壽司

P.18

材 料 （1個）
不織布：白色（701）・橘色（370）各10cm×10cm
25號繡線：白色・橘色 各適量
手工藝用棉花：適量 接著劑

作 法 ※壽司飯材料＆作法參見P.70。

1 製作尾巴。 **2** 製作蝦子。

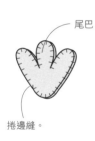

尾巴

捲邊縫。

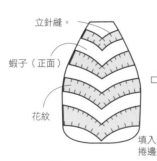

立針縫。

蝦子（正面）

花紋

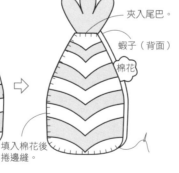

夾入尾巴。

蝦子（背面）

棉花

填入棉花後
捲邊縫。

3 進行刺繡。

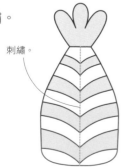

刺繡。

4 放在壽司飯上，完成！

壽司飯

原寸紙型

※立針縫、捲邊縫皆以與不織
布相同顏色的25號繡線（1
股）進行。
※刺繡時使用25號繡線。

尾巴 2片
（橘色）

蝦子 2片
（白色）

回針繡 4股
（白色）

花紋 各1片
（橘色）

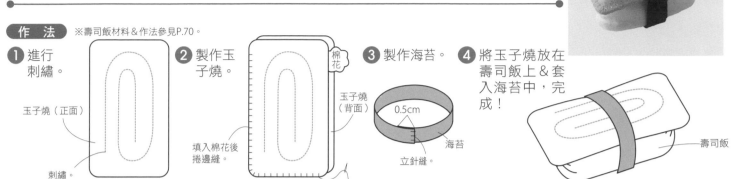

壽司屋
玉子燒壽司
P.18

材 料 （1個）
不織布：黃色（383）10cm×10cm、黑色（790）15cm×5cm
25號繡線：白色・黃色・黑色 各適量
手工藝用棉花：適量　接著劑

作 法　※壽司飯材料＆作法參見P.70。

❶ 進行刺繡。

玉子燒（正面）

刺繡。

❷ 製作玉子燒。

棉花

玉子燒（背面）

填入棉花後捲邊縫。

❸ 製作海苔。

0.5cm

海苔

立針縫。

❹ 將玉子燒放在壽司飯上＆套入海苔中，完成！

壽司飯

壽司屋
花枝壽司
P.18

材 料 （1個）
不織布：白色（703）10cm×10cm、黑色（790）15cm×5cm
25號繡線：白色・黑色 各適量
手工藝用棉花：適量　接著劑

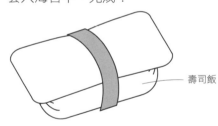

原寸紙型

＜海苔＞

海苔
1片
（黑色）

作 法　※壽司飯材料＆作法參見P.70。

❶ 製作花枝。

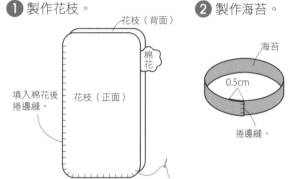

花枝（背面）

棉花

填入棉花後捲邊縫。

花枝（正面）

❷ 製作海苔。

海苔

0.5cm

捲邊縫。

❸ 在壽司飯上放上花枝＆套入海苔中，完成！

壽司飯

※立針縫、捲邊縫皆以與不織布相同顏色的25號繡線（1股）進行。

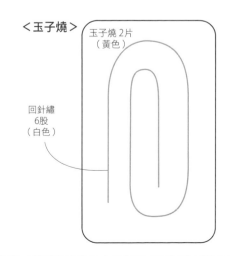

＜玉子燒＞

玉子燒 2片
（黃色）

回針繡
6股
（白色）

＜花枝＞

花枝 2片
（白色）

壽司屋
甜薑片
P.18

材 料（1片）
不織布：粉紅色（102）5cm×5cm
25號繡線：粉紅色 適量

作 法

① 對摺縫合，完成！

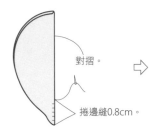

對摺。

捲邊縫0.8cm。

打開。

※製作3片。

原寸紙型

※捲邊縫以與不織布相同顏色的
　25號繡線（1股）進行。

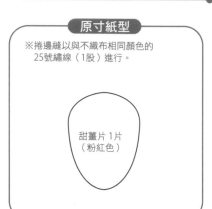

甜薑片 1片
（粉紅色）

壽司屋
竹筴魚壽司
P.18

材 料（1個）
不織布：粉紅色（102）10cm×10cm、灰色（MB）10cm×5cm
　　　　綠色（446）・奶油色（331）各5cm×5cm
25號繡線：粉紅色・灰色 各適量
手工藝用棉花：適量　接著劑

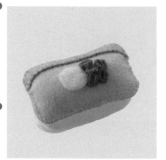

作 法　※壽司飯材料＆作法參見P.70。

① 縫上竹筴魚皮。

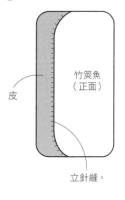

皮

竹筴魚
（正面）

立針縫。

② 製作竹筴魚。

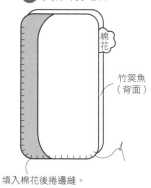

棉花

竹筴魚
（背面）

填入棉花後捲邊縫。

② 加上生薑、蔥花，放在壽司飯上，完成！

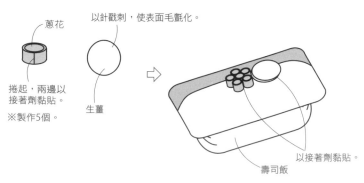

蔥花

以針戳刺，使表面毛氈化。

捲起，兩邊以
接著劑黏貼。
※製作5個。

生薑

以接著劑黏貼。

壽司飯

原寸紙型

※立針縫、捲邊縫皆以與不織布相同顏色的25號繡線（1股）進行。

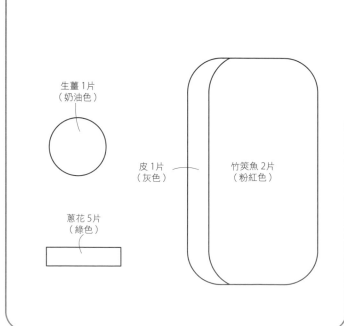

生薑 1片
（奶油色）

皮 1片
（灰色）

竹筴魚 2片
（粉紅色）

蔥花 5片
（綠色）

壽司屋
鮭魚卵壽司
P.18

材料（1個）

不織布：黑色（790）20cm×5cm、紅色（113）15cm×5cm
25號繡線：紅色・黑色 各適量
手工藝用棉花：適量　接著劑

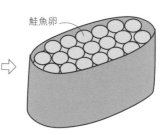

作法　※壽司飯材料&作法參見P.70。

❶ 製作鮭魚卵。

鮭魚卵
棉花
填入棉花後捲邊縫。
※製作16個。

以接著劑黏貼。
鮭魚卵底座

❷ 製作海苔。

0.5cm
立針縫。
海苔

❸ 放入壽司飯&放上鮭魚卵，完成！

放入壽司飯。

鮭魚卵

壽司屋
海膽壽司
P.18

材料（1個）

不織布：橘色（370）10cm×10cm、黑色（790）15cm×5cm
　　　　綠色（446）・黃綠色（443）5cm×5cm
25號繡線：橘色・黑色・黃綠色・白色 各適量
手工藝用棉花：適量　接著劑

作法　※壽司飯材料&作法參見P.70。

❶ 製作海膽。

海膽（正面）
刺繡。
海膽（背面）
捲邊縫。

❷ 製作小黃瓜。

小黃瓜（正面）
刺繡。
小黃瓜（背面）
立針縫。

❸ 製作海苔。

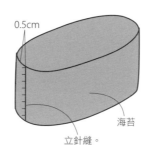

0.5cm
立針縫。
海苔

❹ 放入壽司飯，加上海膽&小黃瓜，完成！

放入壽司飯。

小黃瓜
海膽

原寸紙型

※立針縫、捲邊縫皆以與不織布相同顏色的25號繡線（1股）進行。
※刺繡時使用25號繡線。

＜鮭魚卵＞

鮭魚卵底座 1片（紅色）

鮭魚卵 32片（紅色）
※16個份。

＜海膽＞

平針繡 4股（橘色）

海膽 6片（橘色）
※3個份。

回針繡 4股（白色）

小黃瓜・正面 1片（黃綠色）

小黃瓜・背面 1片（綠色）

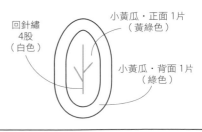

海膽&鮭魚卵・共通
海苔 1片
（黑色）

壽司屋
粗卷
P.20

材 料（1個）

不織布：白色（701）・黑色（790）各10cm×5cm、（383）・黃綠色（443）・
茶色（219）・紅色（113）・粉紅色（102）各5cm×5cm
25號繡線：黑色・黃色・黃綠色・茶色・紅色・粉紅色 各適量
透明線：適量　**手工藝用棉花**：各適量

作 法

1 切面加上配料。

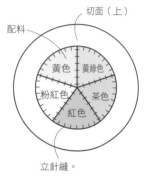

切面（上）
配料
黃色　黃綠色
粉紅色　茶色
紅色
立針縫。

切面（下）
黃綠色　黃色
茶色　粉紅色
紅色

2 縫合切面＆海苔，完成！

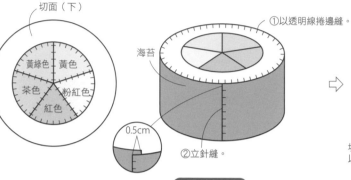

①以透明線捲邊縫。
海苔
0.5cm
②立針縫。

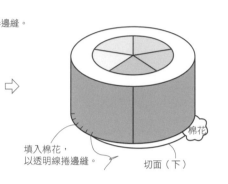

填入棉花，
以透明線捲邊縫。
棉花
切面（下）

原寸紙型

※立針縫、捲邊縫皆以與不織布相同顏色的25號繡線（1股）進行。

海苔 1片
（黑色）

摺雙

配料 各2片
（黃色・黃綠色・茶色・紅色・粉紅色）

黃色　黃綠色
粉紅色　茶色
紅色

切面 2片
（白色）

壽司屋
豆皮壽司
P.20

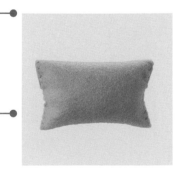

材 料（1個）

不織布：金黃色（334）15cm×10cm
25號繡線：金黃色 適量
手工藝用棉花：適量

作 法　※原寸紙型參見P.77。

1 縫合邊緣，填入棉花。

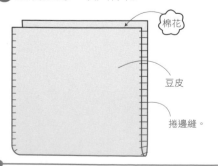

棉花
豆皮
捲邊縫。

2 上摺＆縫合，完成！

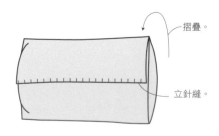

摺疊。
立針縫。

壽司屋
海苔卷

P.20

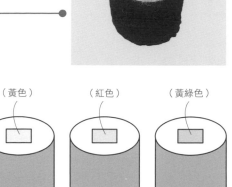

材料（1個）

不織布：白色（701）・黑色（790）各10cm×5cm
　　　　　黃色（383）・黃綠色（443）・紅色（113）各少許
25號繡線：黑色・黃色・黃綠色・紅色 各適量
手工藝用棉花：各適量　**透明線**：適量

作 法

❶ 將切面縫上配料。　❷ 縫合切面＆海苔，完成！

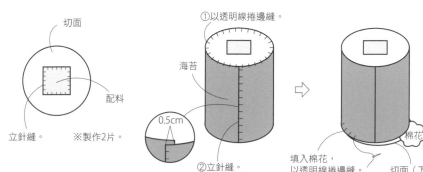

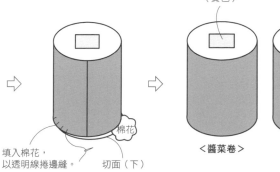

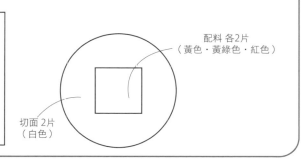

原寸紙型

※立針縫、捲邊縫皆以與不織布相同顏色的25號繡線（1股）進行。

海苔 1片
（黑色）

配料 各2片
（黃色・黃綠色・紅色）

切面 2片
（白色）

P.20　壽司屋・豆皮壽司　原寸紙型

※立針縫、捲邊縫皆以與不織布相同顏色的25號繡線（1股）進行。

豆皮 1片
（金黃色）

材 料 （1個）

不織布：紅色（113）・黑色（790）各15㎝×10㎝ 1片
25號繡線：紅色・黑色 各適量
透明線：適量
手工藝用棉花：適量　厚紙

作 法

① 縫製紅炭＆黑炭。

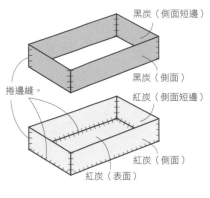
黑炭（側面短邊）
黑炭（側面）
捲邊縫。
紅炭（側面短邊）
紅炭（側面）
紅炭（表面）

② 縫合紅炭＆黑炭。

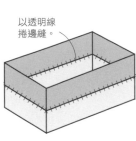
以透明線
捲邊縫。

③ 填入棉花＆厚紙，縫合黑炭表面，完成！

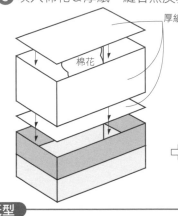
厚紙
棉花

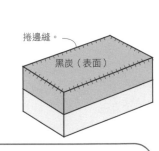
捲邊縫。
黑炭（表面）

原寸紙型

※立針縫、捲邊縫皆以與不織布相同顏色的25號繡線＆透明線（1股）進行。

黑炭（側面）（黑色） 紅炭（側面）（紅色） 各2片	厚紙（側面）2片

黑炭（表面）（黑色） 紅炭（表面）（紅色） 各1片 厚紙 2片	黑炭（側面短邊）（黑色） 紅炭（側面短邊）（紅色） 各2片	厚紙（側面短邊）2片

材 料 （1片）

不織布：紅色（113）・深茶色（229）各10㎝×5㎝
25號繡線：黑色 適量
透明線：適量

　※原寸紙型參見P.82。

① 進行刺繡。

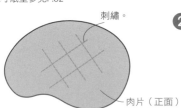
刺繡。
肉片（正面）

② 縫合，完成！

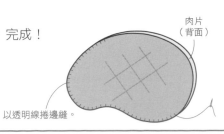
肉片
（背面）
以透明線捲邊縫。

燒肉店
香腸
P.22

（ 材 料 ）（1個）
不織布：紅色（113） 15cm×10cm
25號繡線：紅色 適量
手工藝用棉花：適量

作 法　※原寸紙型參見P.82。

① 縫合兩端。

捲邊縫。

香腸（正面）

② 縫合，完成！

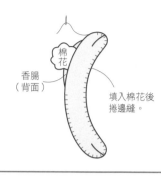

棉花

香腸
（背面）

填入棉花後
捲邊縫。

燒肉店
香菇
P.22

（ 材 料 ）（1個）
不織布：茶色（225）10cm×10cm、奶油色（331） 10cm×5cm
25號繡線：茶色・奶油色 各適量
手工藝用棉花：少許　**厚紙**

作 法

① 中央剪空。

香菇

剪空。

② 翻回正面，貼上內側片。

香菇（中間）

輕輕地以接著劑貼上。

③ 縫合。

0.3cm

①立針縫。

②密縫。

④ 填入棉花＆厚紙，
拉緊縮口。

厚紙　棉花

②拉緊縮口。

①填入。

⑤ 接縫底部，完成！

香菇
（底部）

立針縫。

原寸紙型

※立針縫、捲邊縫皆以與不織布相同顏色的
　25號繡線（1股）進行。

香菇 1片
（茶色）

剪空。

內側 1片
（奶油色）

底部 1片
（奶油色）

厚紙 1片

燒肉店
洋蔥
P.22

材料 （1個）

不織布：白色（701） 20cm×10cm
25號繡線：白色 適量
手工藝用棉花：適量
厚紙：適量

作法

1 進行刺繡。

刺繡。
洋蔥
※製作2片。

2 縫合側面。

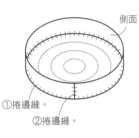

側面
①捲邊縫。
②捲邊縫。

原寸紙型

※捲邊縫以與不織布相同顏色的25號繡線（1股）進行。
※刺繡時使用25號繡線。

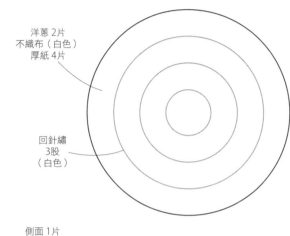

洋蔥 2片
不織布（白色）
厚紙 4片

回針繡
3股
（白色）

側面 1片
（白色）

3 填入棉花&厚紙後縫合，完成！

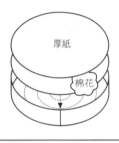

厚紙
棉花

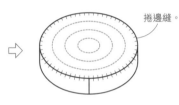

捲邊縫。

燒肉店
南瓜
P.22

材料 （1個）

不織布：橘色（370） 15cm×10cm、綠色（440） 10cm×5cm
25號繡線：橘色・綠色 各適量
手工藝用棉花：適量
厚紙：適量

作法   ※原寸紙型參見P.81。

1 縫上南瓜皮。

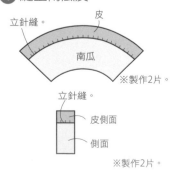

立針縫。
皮
南瓜
※製作2片。
立針縫。
皮側面
側面
※製作2片。

2 縫合側面&內側。

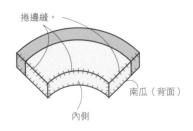

捲邊縫。
南瓜（背面）
內側

3 縫合外側，完成！

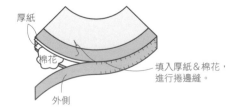

厚紙
棉花
填入厚紙&棉花，
進行捲邊縫。
外側

燒肉店
玉米

P.22

材 料（1個）

不織布：黃色（332）20cm×5cm、奶油色（304）10cm×5cm
25號繡線：黃色・奶油色 各適量
手工藝用棉花：適量
厚紙：適量

原寸紙型

※立針縫、捲邊縫皆以與不織布相同
　顏色的25號繡線（1股）進行。
※刺繡時使用25號繡線。

直線繡 2股
（白色）

側面 2片
（黃色）

切面 2片
（奶油色）

內側 1片
（奶油色）
厚紙 1片

表面 1片
（黃色）

平針繡 1股
（黃色）

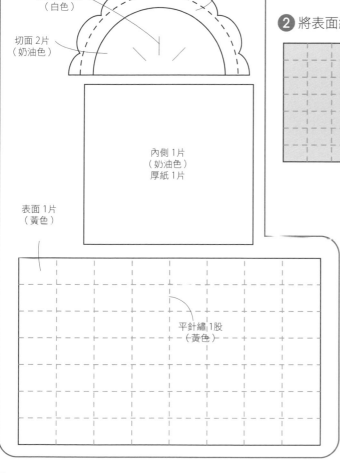

作 法

1 製作切面。

①刺繡。

②立針縫。

側面

切面

※製作2片。

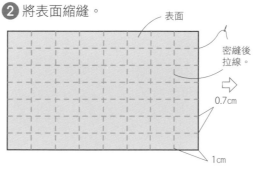

2 將表面縮縫。

表面

密縫後
拉線。

0.7cm

1cm

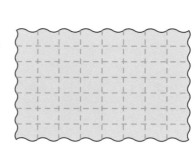

3 縫合側面&表面。

捲邊縫。

4 填入棉花&厚紙
後縫合，完成！

厚紙

棉花

內側

捲邊縫。

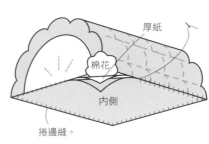

P.22　燒肉店・南瓜　原寸紙型

※立針縫、捲邊縫皆以與不織布相同
　顏色的25號繡線（1股）進行。

皮 2片
（綠色）

南瓜 2片
（橘色）

皮側面 2片
（綠色）

側面 2片
（橘色）

外側 1片
（綠色）

內側 1片
（橘色）

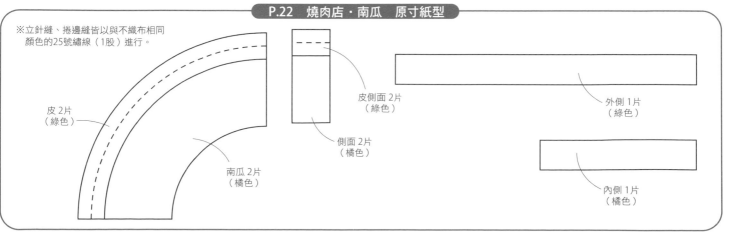

81

燒肉店
青椒

P.22

材 料 （1個）

不織布：綠色（440）15cm×10cm、黃綠色（450）15cm×5cm
25號繡線：綠色 適量　透明線：適量
手工藝用棉花：適量
厚紙：適量

作 法

① 縫合兩端。　② 縫合中央＆外側。

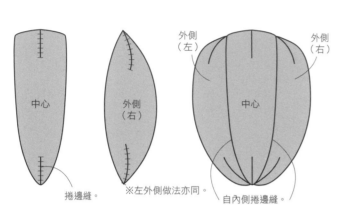

中心

外側
（右）

捲邊縫。

※左外側做法亦同。

外側
（左）

外側
（右）

中心

自內側捲邊縫。

③ 將果蒂貼在
切面上。　④ 縫合切面，完成！

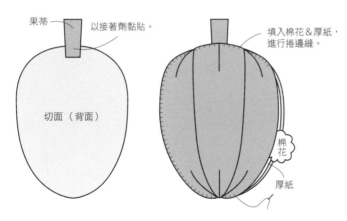

果蒂

以接著劑黏貼。

切面（背面）

填入棉花＆厚紙，
進行捲邊縫。

棉花

厚紙

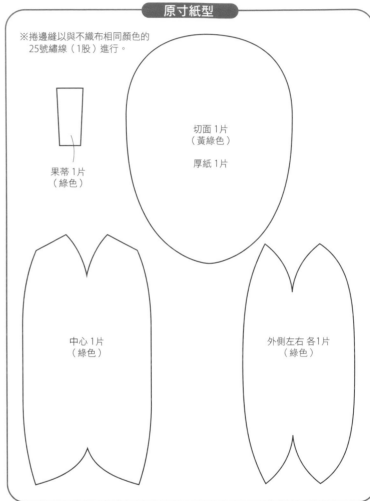

原寸紙型

※捲邊縫以與不織布相同顏色的
　25號繡線（1股）進行。

果蒂1片
（綠色）

切面1片
（黃綠色）

厚紙1片

中心1片
（綠色）

外側左右 各1片
（綠色）

P.22　燒肉店・香腸＆肉片　原寸紙型

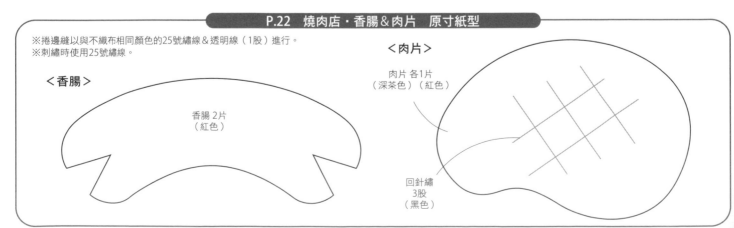

※捲邊縫以與不織布相同顏色的25號繡線＆透明線（1股）進行。
※刺繡時使用25號繡線。

＜香腸＞

香腸 2片
（紅色）

＜肉片＞

肉片 各1片
（深茶色）（紅色）

回針繡
3股
（黑色）

燒肉店
烤肉架

P.22

材 料

空箱：1個
色紙：黑色 適量

作 法

1 將蓋子貼上色紙。

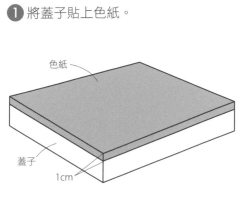

色紙

蓋子

1cm

2 四周貼上色紙。

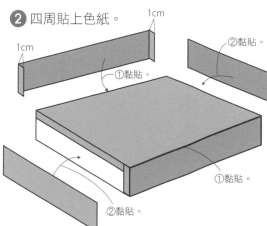

1cm

1cm

①黏貼。

②黏貼。

①黏貼。

②黏貼。

箱子尺寸

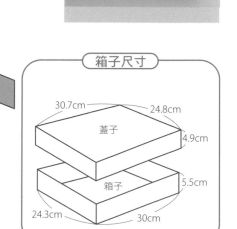

30.7cm

24.8cm

蓋子

4.9cm

5.5cm

箱子

24.3cm

30cm

3 將上方裁空。

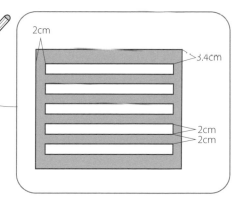

2cm

3.4cm

2cm
2cm

4 箱子底部貼上色紙。

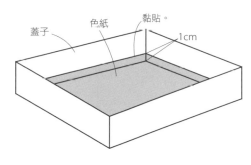

蓋子

色紙

黏貼。

1cm

5 箱子內側貼上色紙。

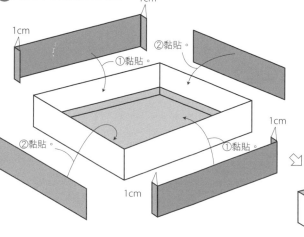

1cm

1cm

②黏貼。

①黏貼。

②黏貼。

①黏貼。

1cm

1cm

6 組合箱子&蓋子，完成！

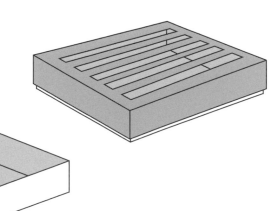

拉麵店
麵

P.24

材 料 （1杯）
不織布：＜拉麵＞奶油色（304）20cm×20cm
　　　　＜蕎麥麵＞灰色（771）20cm×20cm

作 法

剪成細條狀，完成！

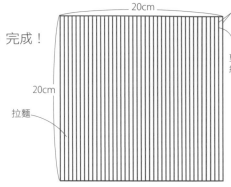

20cm
0.3cm
剪成細條狀。
20cm
拉麵

＜拉麵＞
混合。
＜蕎麥麵＞

拉麵店
叉燒

P.24

材 料 （1片）
不織布：茶色（219）20cm×15cm、淺茶色（235）15cm×10cm
　　　　深茶色（227）10cm×5cm
25號繡線：淺茶色 適量
接著劑

原寸紙型

※捲邊縫以與不織布相同顏色的25號繡線
（1股）進行。

圖案 各2片
（深茶色）

圖案 各2片
（淺茶色）

叉燒 2片
（茶色）

作 法

① 縫製圖案。

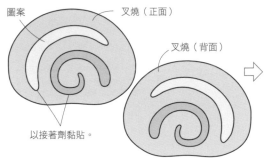

圖案
叉燒（正面）
叉燒（背面）
以接著劑黏貼。

② 縫合，完成！

捲邊縫。

拉麵店
海苔

P.24

材 料 （1片）
不織布：黑色（790）10cm×5cm

作 法

依紙型裁剪，完成！

海苔
裁剪。

原寸紙型

海苔 1片
（黑色）

拉麵店
水煮蛋
P.24

材料（1個）
不織布：白色（703）10cm×10cm、黃色（383）5cm×5cm
25號繡線：白色・黃色 各適量
手工藝用棉花：適量
厚紙：適量

原寸紙型

※立針縫、捲邊縫皆以與不織布相同
　顏色的25號繡線（1股）進行。

切面 1片
（白色）

厚紙 1片

側面 2片
（白色）

蛋黃 1片
（黃色）

作法

❶ 加上蛋黃，
縫合側面。

❷ 縫合切面，
完成！

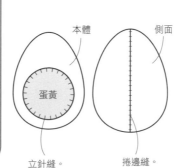

本體
側面

蛋黃

立針縫。

捲邊縫。

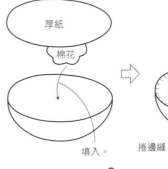

厚紙

棉花

填入。

切面

捲邊縫。

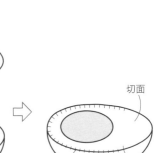

拉麵店
魚板
P.24

材料（1片）
不織布：白色（703）10cm×10cm、粉紅色（123）5cm×5cm
25號繡線：粉紅色 適量
接著劑

原寸紙型

※立針縫、捲邊縫皆以與不織布相同
　顏色的25號繡線（1股）進行。

魚板 2片
（白色）

圖案 1片
（粉紅色）

作法

❶ 縫上圖案，黏合兩片。

魚板（正面）

圖案

立針縫。

魚板（背面）

以接著劑黏貼。

❷ 依形狀剪裁，完成！

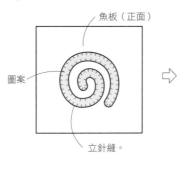

乾燥後，以鋸齒狀美工剪刀裁剪。

拉麵店
筍乾
P.24

材料（1片）
不織布：茶色（219）、淺茶色（235）各5cm×5cm
接著劑

作法

貼合，完成！

筍乾（正面）

以接著劑黏貼。

筍乾（背面）

原寸紙型

筍乾 各1片
（淺茶色・茶色）

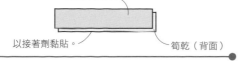

拉麵店
波菜

材 料 （1片）
不織布：綠色（440）5cm×5cm
25號繡線：綠色 適量

作 法
進行刺繡，完成！

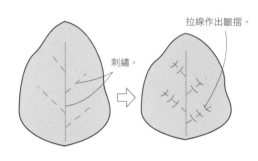

刺繡。

拉線作出皺摺。

原寸紙型

※刺繡時使用25號繡線。

直線繡 3股
（綠色）

波菜 1片
（綠色）

回針繡
3股
（綠色）

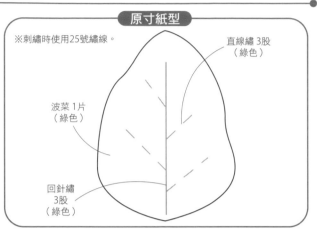

拉麵店
蔥花

材 料 （5個）
不織布：白色（703）15cm×5cm、黃綠色（443）5cm×5cm
接著劑

作 法
貼合後依圖捲起，完成！

中間

外側　重疊。

一邊捲一邊以接著劑黏貼。

原寸紙型

中間1片（黃綠色）

外側1片（白色）

拉麵店
海帶

材 料 （1個）
不織布：深綠色（446）10cm×5cm
25號繡線：深綠色 適量

作 法
進行刺繡，
完成！

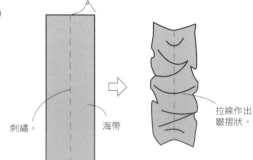

刺繡。　海帶

拉線作出
皺摺狀。

原寸紙型

海帶 1片
（深綠色）

平針繡
3股
（深綠色）

小吃攤
章魚燒

P.26

材 料（1個）
不織布：奶油色（331）10cm×10cm、茶色（225）5cm×5cm
25號繡線：奶油色‧茶色‧綠色‧淺茶色 各適量
手工藝用棉花：適量

原寸紙型

※立針縫以與不織布相同顏色的25號繡線（1股）進行。
※刺繡時使用25號繡線。

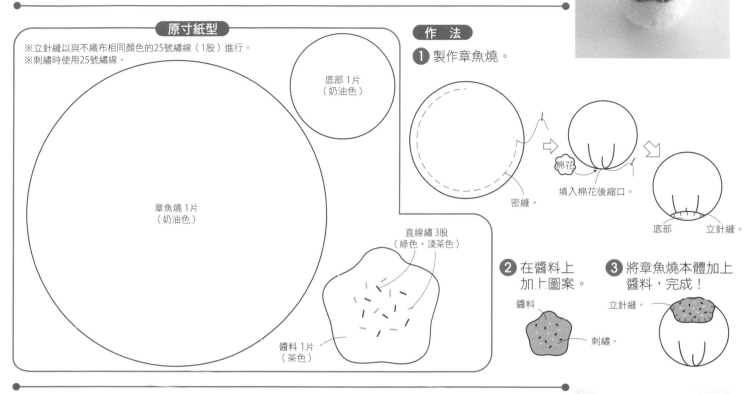

底部 1片
（奶油色）

章魚燒 1片
（奶油色）

直線繡 3股
（綠色‧淺茶色）

醬料 1片
（茶色）

作 法

❶ 製作章魚燒。

棉花

填入棉花後縮口。

密縫。

底部　立針縫。

❷ 在醬料上　　　❸ 將章魚燒本體加上
　加上圖案。　　　醬料，完成！

醬料　　　　　　　立針縫。

刺繡。

小吃攤
船形盤

P.26

材 料（1盤）
不織布：＜A＞金黃色（334）＜B＞奶油色（331）各20cm×15cm
25號繡線：＜A＞金黃色 ＜B＞奶油色 各適量
接著劑

作 法　※原寸紙型參見P.89。

將剪開處重疊縫合，
完成！

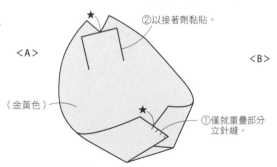

②以接著劑黏貼。

＜A＞

（金黃色）

①僅就重疊部分
立針縫。

＜B＞

（奶油色）

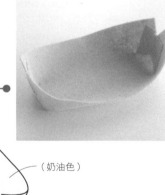

小吃攤
紅薑

P.26

材 料（1片）
不織布：紅色（113）適量

作 法

依紙型裁剪，完成！

裁剪。

原寸紙型

紅薑 1片
（紅色）

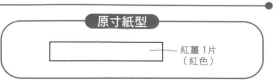

小吃攤
炒麵

P.26

材料（1碗）
不織布：茶色（219）20cm×20cm

作法

剪成細條狀，
完成！

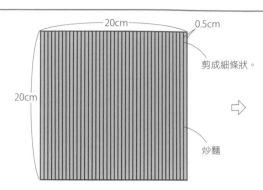

20cm

20cm

0.5cm

剪成細條狀。

炒麵

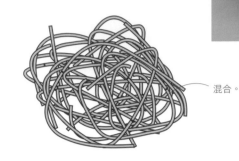

混合。

小吃攤
高麗菜

P.26

材料（1片）
不織布：黃綠色（450）5cm×5cm
25號繡線：黃綠色 適量

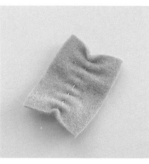

作法

進行刺繡，
完成！

刺繡。

高麗菜

拉緊繡線作出
皺摺狀。

原寸紙型

※刺繡時使用25號繡線。

高麗菜
1片
（黃綠色）

平針繡
3股
（黃綠色）

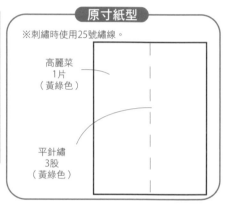

小吃攤
肉片

P.26

材料（1片）
不織布：茶色（225）5cm×5cm
25號繡線：深茶色 適量

作法

進行刺繡，
完成！

刺繡。

肉片

拉緊繡線作出
皺褶。

原寸紙型

※刺繡時使用25號繡線。

肉片 1片
（茶色）

平針繡
3股
（深茶色）

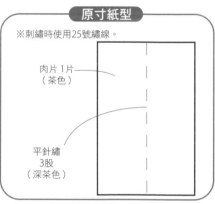

小吃攤
胡蘿蔔

P.26

材料（1片）
不織布：橘色（370）5cm×5cm

作法

依紙型裁剪，
完成！

胡蘿蔔

裁剪。

原寸紙型

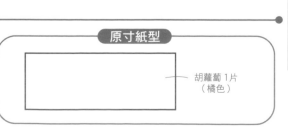

胡蘿蔔 1片
（橘色）

小吃攤
巧克力香蕉

P.26

材 料 （1個）

不織布：<A>淺粉紅色（102）<B>茶色（227）各10cm×10cm
　　　　<A・B>奶油色（304）各10cm×5cm
25號繡線：<A・B>橘色・水藍色・黃綠色・黃色・粉紅色・
　　　　奶油色 各適量　<A>淺粉紅色 適量　<B>茶色 適量
手工藝用棉花：各適量　竹筷：各1支　接著劑

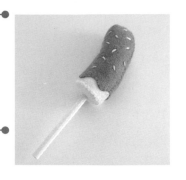

作 法 ※AB共通。

① 將巧克力
　加上圖案。

刺繡。

巧克力

② 將香蕉加上
　巧克力。

立針縫。

香蕉

③ 縫合側面。

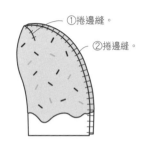

①捲邊縫。

②捲邊縫。

④ 縫上底部，
　完成！

棉花

①內側塗上接著劑。

香蕉底部

②乾燥後，
　剪出開口。

①捲邊縫。

②塗上接著
　劑後插入。

竹筷10cm

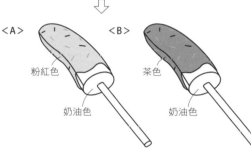

<A>

粉紅色

奶油色

<B>

茶色

奶油色

P.26　小吃攤・船形盤　原寸紙型

※立針縫以與不織布相同顏色的25號繡線（1股）進行。

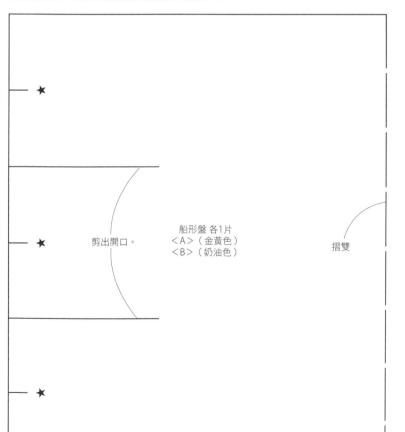

剪出開口。

船形盤 各1片
<A>（金黃色）
<B>（奶油色）

摺雙

原寸紙型

※立針縫以與不織布相同顏色的25號繡線（1股）進行。
※刺繡時使用25號繡線。

巧克力 各2片
<A>（淺粉紅色）
<B>（深茶色）

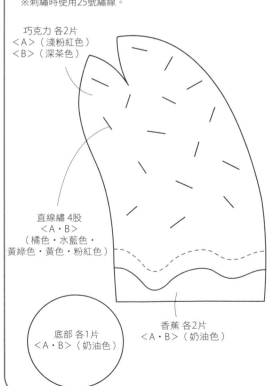

直線繡 4股
<A・B>
（橘色・水藍色・
黃綠色・黃色・粉紅色）

底部 各1片
<A・B>（奶油色）

香蕉 各2片
<A・B>（奶油色）

可麗餅專賣店
可麗餅皮

P.28

材 料 （1片）

不織布：奶油色（304） 15cm×15cm 2片
25號繡線：奶油色 適量

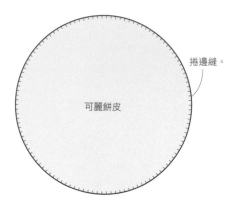

作 法

縫合，完成！

捲邊縫。

可麗餅皮

原寸紙型

※捲邊縫以與不織布相同顏色的
  25號繡線（1股）進行。

可麗餅皮 2片
（奶油色）

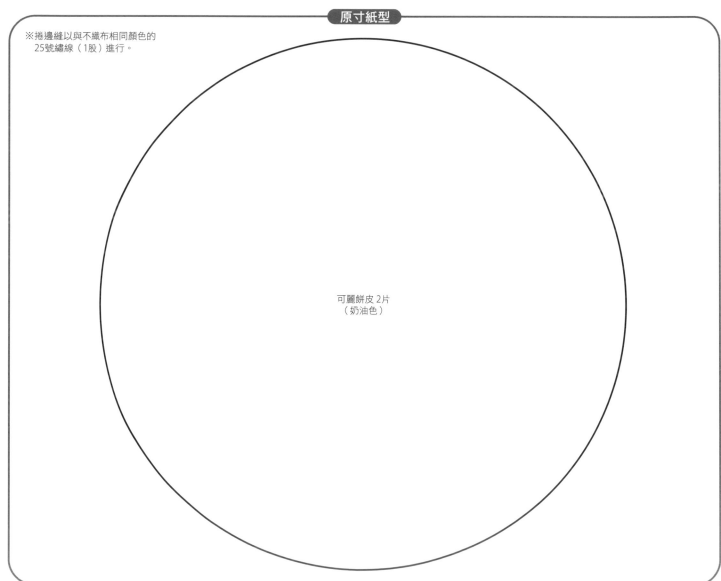

可麗餅專賣店
可麗餅套

P.28

材 料 （1個）

不織布：＜A＞粉紅色（123）＜B＞黃色（383）＜C＞藍色（553）
各15cm×10cm
25號繡線：＜A＞粉紅色＜B＞黃色＜C＞藍色 各適量
緞帶：＜A＞粉紅色＜B＞黃色＜C＞白色 各20cm

原寸紙型

※捲邊縫以與不織布相同顏色的25號繡線（1股）進行。

緞帶位置

可麗餅套 各2片
＜A＞（粉紅色）
＜B＞（黃色）
＜C＞（藍色）

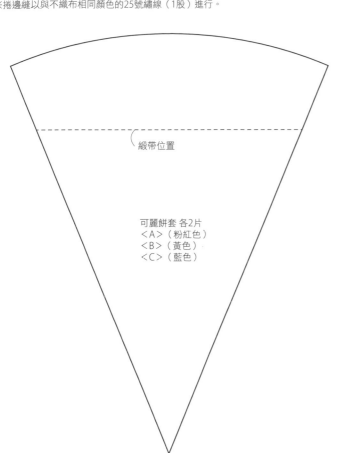

作 法

1 加上緞帶。

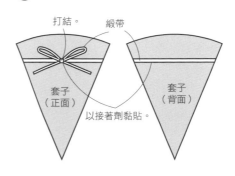

打結。　緞帶

套子
（正面）

套子
（背面）

以接著劑黏貼。

2 縫合，完成！

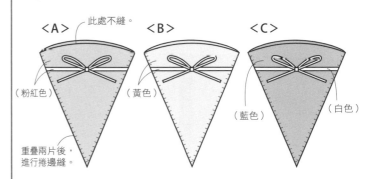

＜A＞　此處不縫。　＜B＞　＜C＞

（粉紅色）　（黃色）

（藍色）　（白色）

重疊兩片後，
進行捲邊縫。

可麗餅專賣店
橘子

P.28

材 料 （1個）

不織布：橘色（370） 10cm×5cm
25號繡線：橘色・淺橘色 各適量
手工藝用棉花：適量

作 法

1 進行刺繡。

刺繡。

橘子

2 縫合，完成！

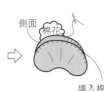

側面　棉花

捲邊縫。

填入棉花後
捲邊縫。

原寸紙型

※捲邊縫以與不織布相同顏色的25號繡線（1股）進行。
※刺繡時使用25號繡線。

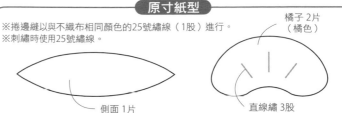

橘子 2片
（橘色）

側面 1片
（橘色）

直線繡 3股
（淺橘色）

可麗餅專賣店
草莓

P.28

材 料 （1個）

不織布：紅色（113）・粉紅色（110）・白色（703）各5cm×5cm
25號繡線：紅色・白色 各適量
手工藝用棉花：適量

作 法

❶ 加上中心，
　進行刺繡。

❷ 縫合，完成！

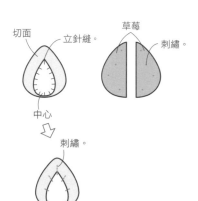

切面
立針縫。
中心
刺繡。

草莓
刺繡。

刺繡。
捲邊縫。

棉花

填入棉花後
捲邊縫。

原寸紙型

※立針縫、捲邊縫皆以與不織布相同顏
　色的25號繡線（1股）進行。
※刺繡時使用25號繡線。

草莓・左 1片
（紅色）

草莓・右 1片
（紅色）

直線繡
3股
（白色）

中心 1片
（白色）

切面 1片
（粉紅色）

直線繡 3股
（白色）

可麗餅專賣店
香蕉

P.28

材 料 （1個）

不織布：奶油色（331）20cm×10cm
25號繡線：奶油色・茶色 各適量

作 法

❶ 進行刺繡。

❷ 縫合側面。

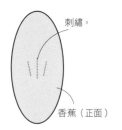

刺繡。

香蕉（正面）

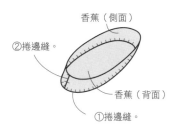

香蕉（側面）
②捲邊縫。
香蕉（背面）
①捲邊縫。

❸ 放入不織布＆縫合，完成！

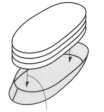

將4片不織布重疊後放入。

捲邊縫。

原寸紙型

※捲邊縫以與不織布相同顏色的25號繡線（1股）進行。
※刺繡時使用25號繡線。

側面 1片
（奶油色）

香蕉6片
（奶油色）

直線繡 3股
（茶色）

便當店
飯糰
P.30

材 料（1個）

不織布：白色（703）15cm×5cm、黑色（790）20cm×5cm
透明線：適量
手工藝用棉花：適量

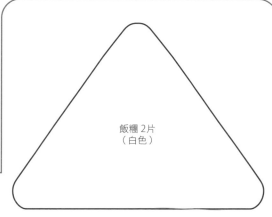

作 法

縫合，完成！

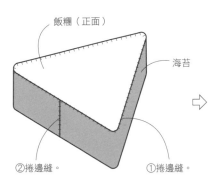

飯糰（正面）
海苔
②捲邊縫。
①捲邊縫。

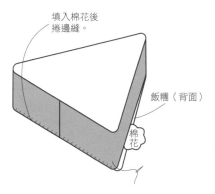

填入棉花後
捲邊縫。
飯糰（背面）
棉花

原寸紙型

※捲邊縫以透明線（1股）進行。

飯糰 2片
（白色）

海苔 1片
（黑色）

便當店
小香腸
P.30

材 料（1個）

不織布：紅色（113）10cm×10cm
25號繡線：紅色・白色 各適量
手工藝用棉花：適量

作 法

① 進行刺繡，縫合兩端。

② 縫合，完成！

刺繡。
捲邊縫。
香腸（正面）

填入棉花後
捲邊縫。
棉花
香腸（背面）

原寸紙型

※捲邊縫以與不織布相同顏色的25號繡線
（1股）進行。
※刺繡時使用25號繡線。

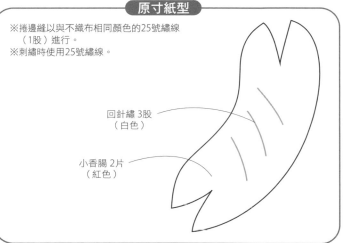

回針繡 3股
（白色）

小香腸 2片
（紅色）

便當店
漢堡排
P.30

材料 （1個）

不織布：茶色（219） 10cm×10cm、紅色（113） 5cm×5cm
25號繡線：茶色・紅色 各適量
手工藝用棉花：適量

作 法

❶ 加上
番茄醬。

漢堡排（正面）

立針縫。

番茄醬

❷ 縫合，完成！

棉花

填入棉花後
捲邊縫。

漢堡排（背面）

便當店
水煮蛋
P.30

材料 （1個）

不織布：白色（703） 15cm×5cm、黃色（383） 5cm×5cm
25號繡線：白色・黃色 各適量
手工藝用棉花：適量

作 法

❶ 蛋白加上蛋黃。

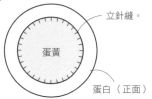

立針縫。

蛋黃

蛋白（正面）

❷ 縫合，完成！

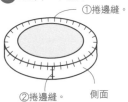

①捲邊縫。

②捲邊縫。 側面

填入棉花後捲邊縫。

棉花

蛋白（背面）

便當店
番茄
P.30

材料 （1個）

不織布：紅色（113） 10cm×5cm、綠色（440） 適量
25號繡線：紅色・綠色 各適量
手工藝用棉花：適量 接著劑

作 法

❶ 製作小番茄。

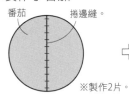

番茄 捲邊縫。

※製作2片。

填入棉花後捲邊縫。

棉花

❷ 加上果蒂，
完成！

果蒂

①以接著劑黏貼。

②挖洞後插入，
以接著劑黏貼。

0.6cm

繡線 10股
以接著劑固定＆對摺。

原寸紙型

※立針縫、捲邊縫皆以與不織布相同顏色的25號繡線（1股）進行。

＜漢堡排＞

漢堡排 2片
（茶色）

番茄醬 1片
（紅色）

＜水煮蛋＞

蛋黃 1片
（黃色）

蛋白 2片
（白色）

側面1片（白色）

＜小番茄＞

果蒂 1片
（綠色）

小番茄 4片
（紅色）

便當店
花椰菜
P.30

材 料 （1個）

不織布：綠色（440）・黃綠色（450）各10cm×5cm
25號繡線：綠色 適量　**透明線**：適量
接著劑

作 法

① 製作莖部。

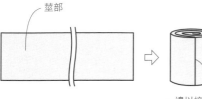

莖部

一邊以接著劑黏貼
一邊捲起。

② 捲花椰菜。

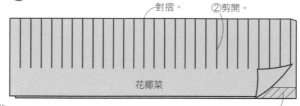

對摺。
②剪開。
花椰菜
①僅根部塗上接著劑。

一邊以接著劑黏貼一邊捲起。

③ 加上莖部，完成！

①以接著劑
貼上莖部。
②立針縫。

原寸紙型

※立針縫以透明線（1股）進行。

莖部 1片
（黃綠色）

摺雙　　剪開。

花椰菜 1片
（綠色）

便當店
生菜
P.30

材 料 （1片）

不織布：黃綠色（450）　10cm×10cm
25號繡線：黃綠色 適量

原寸紙型

※刺繡時使用25號繡線。

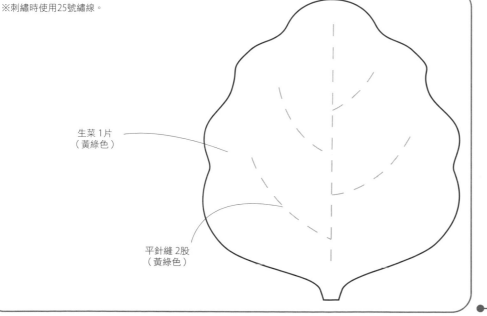

生菜 1片
（黃綠色）

平針縫 2股
（黃綠色）

作 法

進行刺繡，完成！

①刺繡。

②拉緊繡線作出皺摺。

✽ 不織布手工藝基礎技法 ✽

・依圖形裁剪・

① 將圖形影印下來，沿著圖形外圍剪出稍大的紙型。

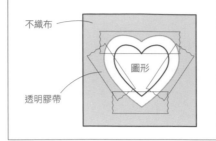

② 將紙型以透明膠帶貼於不織布上。

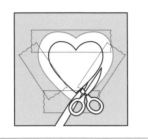

③ 沿線將紙型及不織布一同剪下。

④ 剪下完成。

・漂亮裁剪小組件的方法・

接著劑

在不織布上薄薄地塗一層接著劑，待自然乾燥後再裁剪。

膠水噴霧

在不織布上噴一層膠水噴霧，待自然乾燥後再裁剪。

熨燙

將不織布以蒸氣熨斗熨燙，減少厚度後再裁剪。

縫　法

以同色的25號繡線（1股）來縫製。

・立針縫・

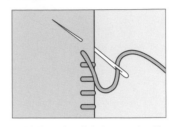

用於將一片不織布與另一片不織布重疊時，縫線與布的邊緣成直角。

・捲邊縫・

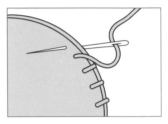

用於兩片不織布完全重合時，正面看起來間隔完全一致。

繡線的選擇

儘量使用與不織布同色的繡線。沒有同色繡線時，使用深色不織布時選用比不織布略深色的繡線；使用淺色不織布時，則選用比不織布稍淺色的繡線。

繡　法

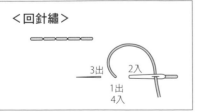

＜回針繡＞

＜平針繡＞

＜緞面繡＞

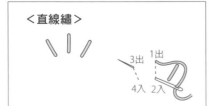

＜直線繡＞

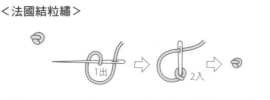

＜法國結粒繡＞

趣·手藝 57

家家酒開店指南：
不織布の幸福料理日誌

作　　　者／BOUTIQUE-SHA
譯　　　者／吳思穎
發　行　人／詹慶和
總　編　輯／蔡麗玲
執　行　編輯／陳姿伶
編　　　輯／蔡毓玲·劉蕙寧·黃璟安·白宜平·李佳穎
封面設計／周盈汝
美術編輯／陳麗娜·翟秀美·韓欣恬
內頁排版／造極
出　版　者／Elegant-Boutique新手作
發　行　者／悅智文化事業有限公司　　郵政劃撥帳號／19452608
戶　　　名／悅智文化事業有限公司
地　　　址／220新北市板橋區板新路206號3樓
網　　　址／www.elegantbooks.com.tw
電子郵件／elegant.books@msa.hinet.net
電　　　話／(02)8952-4078
傳　　　真／(02)8952-4084

2016年1月初版一刷　定價280元

Lady Boutique Series No.3989
FELT DE TSUKURU OMISEYASAN ASOBI
Copyright © 2015 Boutique-sha, Inc.
All rights reserved.
Original Japanese edition published in Japan by BOUTIQUE-SHA.
Chinese (in complex character) translation rights arranged with BOUTIQUE-SHA.
through KEIO CULTURAL ENTERPRISE CO., LTD.

經銷／高見文化行銷股份有限公司
地址／新北市樹林區佳園路二段70-1號
電話／0800-055-365　　傳真／(02)2668-6220

版權所有·翻印必究
（未經同意，不得將本著作物之任何內容以任何形式使用刊載）
本書如有破損缺頁，請寄回本公司更換

國家圖書館出版品預行編目(CIP)資料

家家酒開店指南：不織布の幸福料理日誌 /
BOUTIQUE-SHA著；吳思穎譯. -- 初版. -- 新北市：
新手作出版：悅智文化發行, 2016.01
　　面；　　公分. -- (趣.手藝；57)
ISBN 978-986-92077-8-2(平裝)

1.玩具 2.手工藝

426.78　　　　　　　　　　104027445

Staff
統籌編輯／阿部浩二
協力編輯／ピンクパールプランニング
企劃·構圖·作品設計／寺西恵里子
作品製作／森留美子·齊藤沙耶香
　　　　　関亞紀子·室井佑季子
作法／竹林香織·やのちひろ
　　　YU-KI·HAYURU
攝影／奥谷仁
排版／NEXUS Design

Elegantbooks
以閱讀，
享受幸福生活

趣・手藝 13

動手作好好玩の56款寶貝
の玩具：不織布×瓦楞紙
×零碼布：生活素材大變
身！
BOUTIQUE-SHA◎著
定價280元

趣・手藝 14

隨手可摺紙雜貨：75招超
便利回收紙應用提案
BOUTIQUE-SHA◎著
定價280元

趣・手藝 15

超萌手作！歡迎光臨黏土
動物園挑戰可愛極限の居
家實用小物65款
幸福豆手創館（胡瑞娟 Regin）◎著
定價280元

趣・手藝 16

166枚好感系×超簡單創
意剪紙圖案集：摺！剪！
開！完美剪紙3 Steps
室岡昭子◎著
定價280元

趣・手藝 17

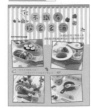

可愛又華麗的俄羅斯娃娃＆
動物玩偶：繪本風の不織布
創作
北向邦子◎著
定價280元

趣・手藝 18

玩不織布扮家家酒！——
在家自己作12間超人氣甜
點屋＆西餐廳＆壽司店的
50道美味料理
BOUTIQUE-SHA◎著
定價280元

趣・手藝 19

文具控最愛的手工立體卡片
——超簡單！看圖就會作！
祝福不打烊！萬用卡×生
日卡×節慶卡自己一手搞
定！
鈴木孝美◎著
定價280元

趣・手藝 20

初學者ok啦！一起來作36
隻超萌の串珠小鳥
市川ナヲミ◎著
定價280元

趣・手藝 21

超有雜貨FU！文具控＆手作
迷一看就想刻的とみこ橡皮
章手作創意明信片×包裝
小物×雜貨風袋物
とみこはん◎著
定價280元

趣・手藝 22

剪＋貼＋縫！88款不織布の
季節布置小物
BOUTIQUE-SHA◎著
定價280元

趣・手藝 23

Bonjour！可愛啲！超簡單巴
黎風黏土小旅行：
旅行×甜點×娃娃×雜貨
——女孩最愛的造型黏土
BOOK
蔡青芬◎著
定價320元

趣・手藝 24

macaron可愛進化！
布作×刺繡・手作56款超
人氣花式馬卡龍吊飾
BOUTIQUE-SHA◎著
定價280元

趣・手藝 25

「布」一樣の可愛！26個牛
奶盒作的布盒 完美收納紙
膠帶＆桌上小物
BOUTIQUE-SHA◎著
定價280元

趣・手藝 26

So yummy！甜在心黏土蛋
糕捲一捲・捏一捏・我也是
甜心糕點大師！（暢銷新裝
版）
幸福豆手創館（胡瑞娟 Regin）
◎著
定價280元

趣・手藝 27

紙の創意！一起來作75道
簡單又好玩の摺紙甜點×
料理
BOUTIQUE-SHA◎著
定價280元

趣・手藝 28

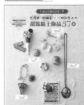

活用度100%！500枚橡皮
章日日刻
BOUTIQUE-SHA◎著
定價280元

趣・手藝 29

nap's小可愛手作帖：小
玩皮！雜貨控の手縫皮革
小物
長崎優子◎著
定價280元

趣・手藝 30

誌人的夢幻手作！光澤感×
超擬真・一眼就愛上の甜
點黏土飾品37款
河出書房新社編輯部◎著
定價300元

趣・手藝 31

心意・造型・色彩all in
one 一次學會緞帶×紙張
の包裝設計24招！
長谷良子◎著
定價300元

趣・手藝 32

獻上女孩的優雅＆浪漫
天然石×珍珠の結編飾品
設計69款
日本ヴォーグ社◎著
定價280元

趣・手藝 33

Party Time！女孩兒の
可愛不織布甜點家家酒：
廚房用具×甜點×麵包
×Pizza×餐盒×套餐
定價280元

趣・手藝 34

動動手指就OK！三秒鐘·
愛上62枚可愛の摺紙小物
BOUTIQUE-SHA◎著
定價280元

趣・手藝 35

簡單手縫大成功！一次學
會65件超可愛皮小物×實
用長夾
定價320元

趣・手藝 36

超好玩＆超益智！趣味摺
紙大全集—完整收錄157
件超人氣摺紙動物&紙玩
具
主婦之友社◎授權
定價380元

雅書堂 EB 新手作

雅書堂文化事業有限公司
22070新北市板橋區板新路206號3樓
facebook 粉絲團：搜尋 雅書堂
部落格 http://elegantbooks2010.pixnet.net/blog
TEL:886-2-8952-4078 · FAX:886-2-8952-4084

趣·手藝 37

大日子×小手作！365天都
能送の祝福系手作黏土禮
物提案FUN送BEST.60
幸福豆手創館 (胡瑞娟 Regin)
師生合著
定價320元

趣·手藝 38

100%可愛の塗鴉裝飾！
手帳控&卡片迷都想學の
手繪風文字圖繪750點
BOUTIQUE-SHA◎授權
定價280元

趣·手藝 39

不澆水！黏土作的喲！超
可愛多肉植物小花園：仿
舊雜貨×人氣配色×手
作綠意——懶人在家也能
作的經典款多肉植物黏土
BEST.25
蔡青芬◎著
定價350元

趣·手藝 40

簡單·好作的不織布換裝
娃娃時尚微手作——4款
風格娃娃×80件魅力服裝
&配飾
BOUTIQUE-SHA◎授權
定價280元

趣·手藝 41

Q萌玩偶出沒注意！
輕鬆手作112隻療癒系の
可愛不織布動物
BOUTIQUE-SHA◎授權
定價280元

趣·手藝 42

【完整教學圖解】
摺×疊×剪×刻4步驟完成
120款美麗剪紙
BOUTIQUE-SHA◎授權
定價280元

趣·手藝 43

9位人氣作家可愛發想大
集合每天都想使用的萬用
橡皮章圖案集
BOUTIQUE-SHA◎授權
定價280元

趣·手藝 44

動物系人氣手作！
DOGS & CATS·可愛の
掌心貓狗動物偶
須佐沙知子◎著
定價300元

趣·手藝 45

初學者の第一本UV膠飾品
教科書：從初學到進階！製
作超人氣作品の完美小祕
訣All in one！
熊崎堅一◎監修
定價350元

趣·手藝 46

定食·麵包·拉麵·甜點·擬
真度100%！輕鬆作1/12の
微型樹脂土美食76道
ちょび子◎著
定價320元

趣·手藝 47

全齡OK！
親子同樂魔力遊戲
完全版·趣味翻花繩大全集
野口廣◎監修
主婦之友社◎授權
定價399元

趣·手藝 48

牛奶盒作の！美麗布盒設計
60選 清爽收納×空間點綴
の好點子
BOUTIQUE-SHA◎授權
定價280元

趣·手藝 49

原來是黏土！MARUGO
の彩色多肉植物日記：
自然素材·風格雜貨·
造型盆器懶人在家也能
作の經典多肉植物黏土
ZAKKA.27
丸子 (MARUGO)◎著
定價350元

趣·手藝 50

CANDY COLOR
TICKET
超可愛の糖果系透明樹
脂×樹脂土甜點飾品
CANDY COLOR TICKET◎著
定價320元

趣·手藝 51

Rose window美麗&透光
玫瑰窗對稱剪紙
平田朝子◎著
定價280元

趣·手藝 52

玩黏土·作陶器！
可愛北歐風別針77選
BOUTIQUE-SHA◎授權
定價280元

趣·手藝 53

New Open·開心玩！
開一間超人氣の不織布甜點屋
堀內さゆり◎著
定價280元

趣·手藝 54

Paper·Flower·Gift
小清新生活美學·
可愛の立體剪紙花飾四季帖
くまだまり◎著
定價280元

趣·手藝 55

每日の趣味·剪開信封輕
鬆作紙雜貨你一定會作的
N個可愛版紙藝創作
宇田川一美◎著
定價280元